著－五十嵐杏南
譯－黃詩婷

世界最奇妙的學問研究

世界のトンデモ学問19選

小至日常生活都值得細心研究，一起來看難以想像的有趣學問！

晨星出版

序言

在進入正題以前，請讓我先聊聊自己。

我小時候是在美國讀小學，直到了六年級快結束之際才回到日本，所以在許多事情上處處碰壁。

首先，就是考試的時候我無法理解閱讀測驗的內容，成績遠低於學年平均，讓爸媽白了不少頭髮。還曾經說過班上同學的衣服「好浮誇，很棒耶！」結果弄哭對方。上了國中以後，我在自我介紹的時候豪爽放話說：「我的特技是騎馬！」讓所有人忍不住退避三舍，差點在一開始就要面臨被眾人排擠的情況。我到了很久以後才了解，國中生說這種話，在這一帶居民的耳中聽起來就跟自豪說自己是一位大小姐沒兩樣。

雖然這已經是將近二十年前的事情了，但我還是想藉這個場合來辯解一下。對我來說，那只是因為我當初身處在周遭有許多馬的環境當中而已。

我孩提時代是居住在美國肯塔基州，那是位於阿帕拉契山脈山腳下非常鄉下的地方。而肯塔基為數不多的名產除了某同名速食店[1]以外，最有名的就是賽馬活動「肯塔基德比」。因此可說是遍地皆馬匹，甚至可以說馬比人多了。實際上，在我居住的住宅區後面就有放牧的馬匹，所以騎馬也是大家基本上都會學習的事情，學騎馬的孩子遠比學鋼琴的孩子多上好幾倍。

正因為該地相當習慣馬匹的存在，肯塔基州理所當然地也非常興盛研究馬匹。尤其是賽馬界有大量金錢流動，因此從馬蹄到馬匹身體狀況管理，都有相關精密的研究。為了認真玩耍，就需要更加認真的研究。

像這樣「南橘北枳」的情況也適用於研究的世界，因此這個世界上充斥著各種稀奇古怪的學問。話又說回來，對於當事人來說，那些事情可是生活中理所當然的一部分，只是因為地區性相當強烈，所以在外人眼中看來就變成有點怪怪的東西。

本書正是要介紹世界各地在當地才會進行的學問（研究）。

Part1主要介紹的是與娛樂相關的東西，就算是覺得該領域與學問相去甚遠，其中也必定包含科學的要素。大家讀來應該會有種窺視舞台後台的感覺。接下來的Part2介紹的是針對世界各地的氣候及地理等環境因素相關的內容。希望能讓大家帶著「因為居住在日本，所以不曾想像過」的驚訝閱讀下去。Part3則遴選出和當地產業有密切關係的研究。我想這樣能夠讓大家了解那些就算在時代洪流中掙扎，也拼了命要為地方有所貢獻的研究。最後的Part4討論的則是日本才有的學問。重新客觀看待日本的現在與過去，以及地理條件下所產生的那些稀奇研究，也頗有異國情調的。

世界看似狹窄卻又廣闊，而在本書中介紹的不過是這世界上奇妙研究領域中的一小部分，還請大家以稍加品嘗的輕鬆心情來享用這本書。

1 此指「肯德基」。

目次

weird research Part 1

weird research Part 2

Part 3

Part 4

日本也有！奇妙研究

weird research

世界のヘンな研究

世界最奇妙的學問研究

世界のトンデモ学問19選

weird research

Part 1

世界上所有角落，娛樂幾乎都是需要研究的

要站上浪頭，也得要頭腦

——衝浪工學（美國・加利福尼亞州、夏威夷州）

這裡是美國西海岸聖地牙哥一個衝浪勝地。除了那些打算踏浪出海的衝浪客以外，還有在身上到處貼滿小小圓形體溫計的大學生們。閃爍著光輝的波浪、太陽、帥氣的衝浪板以及身上貼滿小金屬片的衝浪者，看起來還挺奇妙的，但其實他們正在研究並開發衝浪者身上穿的衝浪衣。

貼滿體溫計的是當地大學、加利福尼亞州立大學聖馬科斯分校專攻運動生理學的學生。每年會有八十～一百人左右的學生進行與衝浪相關的研究作為課業的一環。

聖地牙哥的衝浪地多不勝數，被稱為衝浪者的聖地麥加。這個城鎮距離墨西哥的國界線不到三十公里，整年都相當溫暖，除了是初學者適合前往的地點以外，也有能讓達人等級的衝浪者開心享受的地方。因此全世界的衝浪者都會聚集至此。

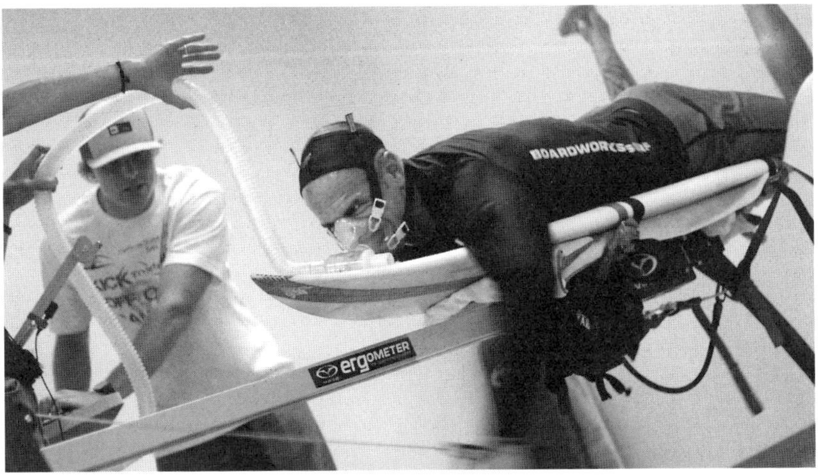

測量衝浪者的含氧量與心跳數作爲運動生理學課程一環
（照片提供：California State University San Marcos）

在加利福尼亞州立大學聖馬科斯分校設置研究小組的，是當地出身的西恩・紐康莫博士及其同事。他從年幼時期就開始衝浪了。「設置衝浪研究小組的時候，其他研究者都對我投以狐疑的目光。他們心想『這真的算是學問嗎？』就連我自己都懷疑過研究衝浪的意義。也曾想過我是否其實該為世間或者為世人做點什麼呢？但我還是覺得自己的立足點就在衝浪研究。」

他因升學的關係而離開加州，後來走上研究的道路，取得博士學位後轉往美國中部的印第安納州，以循環系統年輕專家身分爭取到競爭相當激烈的研究經費。然而他還是選擇回到故鄉。

「不僅是為了衝浪，我覺得這也是一個回到故鄉的好機會。回來這裡以後，首先面臨的就是要繼續研究下去真的非常辛苦。經費和物資都不足，根本無法隨心所欲地做研究，就這樣渾渾噩噩過了一年。所以我想著乾脆把衝浪研究放到教育過程裡面好了，這樣一來可以提高學生們的興趣，我也能夠繼續進行自己的研究，算是一石二鳥。」

順帶一提，他是在與同事一起衝浪的時候想到這個點子的。所以加利福尼亞州立大學聖馬科斯分校就此做起了衝浪研究。

行銷用語是種講了就贏的「科學」

近年來衝浪也成為受人歡迎的運動，衝浪人口也逐年增加。在東京奧林匹克運動會上，衝浪成為新加入的比賽項目，大家想必記憶猶新。而面對這逐步增加的需求，據紐康莫博士表示，衝浪業界中提供商品的企業們都將總公司設置於聖地牙哥所在的加州南部。紐康莫博士說：「但是，當初我去告訴企業說自己開始進行衝浪研究的時候，他們還一臉不可置信呢！」

這件事說起來，其實是因為紐康莫博士原本也是以消費者身分購買這些衝浪企業的商品。而提到衝浪衣，通常都會看到廣告寫著「最快乾」、「最保暖」、「最輕」等用詞，讓人感覺企業當中的研究開發應該是大有進展。「所以我想著，哇喔！真是太厲害啦！就去問了其中一間公司說『請問貴公司是怎麼實驗的呢？』結果得到了『不，沒有在做耶！』的回答。還真是嚇到我了。」

據說競爭對手們似乎也是差不多的情況，把行銷的用詞定調在模糊不清的感覺、或者請人使用過後的感想。詢問該公司「那麼為什麼不公開表明競爭對手做出了虛假的標示呢？」沒想到他們竟然說，畢竟自己也是這麼做的所以就不說他們了，這就是行銷策略。

「比方說，有款衝浪衣在銷售的時候宣傳比過去產品還要暖和三〇％。材料製造商那邊似乎有進行實驗，但沒有在人類穿上的狀態下做驗證，所以我們就實際進行測量了。結果發現，衝浪者的體溫跟穿著過去產品時相比，根本沒有什麼變化。就算在實驗室裡沒有問題，現實中還是有很多預料外的因素，導致結果產生變化。還有很多其他這類例子。我發現這個業界的現況，就是完全沒有進行科學上的效果檢驗。」

由基礎知識開始檢驗

專攻運動生理學的紐康莫博士目前為止已經進行了許多與衝浪衣相關的研究。當中最令人驚訝的發現，可以說是「人體會佚失體溫的地方，其實衝浪衣根本就沒有好好給予保護」這點。

人類體溫下降的時候，首先手腳的皮膚和肌肉的血管會收縮。這也就是為什麼我們到寒冷地方的時候，手指尖和腳指尖會先僵硬無法動彈。我們的身體刻意不讓血液流動到末梢血管，只在身體中心部分循環，這樣比較容易維持身體內部的中心體溫。如果流經冰冷手腳的血液擴散到全身的話，就很容易造成體溫過低而死亡。因此衝浪衣多半也是將體幹的部分做得比較厚、好好保護身體，而手腳的部分則為了方便活動，所以做得比較薄。

但是紐康莫博士和學生們請衝浪者穿上全身布料厚度一致的衝浪衣來測量身體各部位的體溫，發現和水接觸機會較多的部位會喪失大量體溫。尤其是肚臍以下的腰部一帶，還有大腿前側的肌肉、小腿肚的肌肉都非常容易感到寒冷。水的熱傳導率比相同溫度的空氣高二十五倍，因此接觸到水的部份相當容易發冷。

紐康莫博士說：「確實將布料做薄一點的話，可動範圍會變寬，應該也比較好做出取得平衡的動作。但我們也很明白，若肌肉冰冷的話，根本無法發揮原本的力量。因此真正容易發冷的大腿和小腿肚應該要保暖才對。我們認為讓布料加厚一公厘損失掉的可動範圍，完全可以用保暖肌肉所得到的優勢相抵。」

紐康莫博士等人的努力也受到衝浪業界的企業矚目，更因此誕生了與衝浪服裝品牌赫雷（Hurley）共同開發的衝浪衣。這可以說是在衝浪業界「首次」透過實際驗證實驗所開發出來的商品。

衝浪的缺錢問題

缺乏科學佐證就開發運動商品這件事情其實並不稀奇。

紐康莫博士說：「棒球、足球、籃球或者賽跑等比較受到大眾矚目的運動，大概在五十年前就累積了許多研究資料。但包含衝浪在內，有許多沒有錢的運動用品公司根本無力雇用專職的研究人員，因此大部分完全沒有進行什麼研究開發。」

衝浪既然開始受到大家歡迎，而且也被認可成為奧運比賽項目之一，那麼衝浪的研究開發資金應該也會增加吧。然而紐康莫博士觀察當地企業的結果，卻是沒能看見一絲一毫相關徵兆。

比較特別的例子，大概是二〇〇二年赫雷公司被運動用品大企業耐吉（Nike）收購。那時大企業的研究文化與資金也終於開始流動到衝浪業務上，企業們也相當熱衷於與加利福尼亞州立大學聖馬科斯分校進行共同研究。然而就在東京奧運開幕前，耐吉卻把赫雷賣掉了。之後用於共同研究的資金就此斷絕，也無法繼續進行下去。

「但是業界內部認為，在不久的將來，衝浪應該會變成像是棒球或足球那樣主流的運動。屆時應該就會出現典範轉移[1]的情況吧。」紐康莫博士是如此看待未來的，他認為目前在職業選手之間已經能夠窺見相關變化，「若是在十年前，衝浪練習就只是想辦法站上浪頭而已，但現在職業選手會有教練陪同練習、請營養師管理餐飲、與個人訓練師一起鍛鍊身體等等，年輕的選手們會採用各種訓練方式。滑板也是如此，選手不斷鍛鍊滑板本身以外的項目，正是因為滑板已經不是單純的娛樂，而是能夠獲得金錢及名譽的運動。」

但是像衝浪或滑板這類被稱為「極限運動」的活動，相關運動用品的製造商大多還是比較小型的公司。就算是被比較大的公司收購，也可能會因為獲利不如預期而陷入前述赫雷那樣到頭來又被賣掉的狀況。紐康莫博士認為，「大企業會將目光放在極限運動上，是因為現在的年輕人們的興趣是朝向極限運動走的。企業明白目前加入極限運動的人口數有所提升，甚至可以說年輕人對於過往主流運動的興趣已經逐漸衰退。我從平昌冬季奧運（二〇一八年）了解到一件事情。最多人觀賞的運動項目之一是單板滑雪，而單板滑雪首次加入奧林匹克運動會比賽項目是在一九九八年，當時幾乎是無人矚目，在這二十年來已經產生了相當大的逆轉。然而就算判斷衝浪將來會主流化而想投資，獲利過低這點對於大企業來說還是相當棘手。」

如今紐康莫博士等人與赫雷共同進行的研究企劃暫停，只能尋找其他可以進行共同研究的企業。「雖然我們有和衝浪服裝的公司稍微聊過，但沒有辦法推動大型項目

1 意指在科學概念方面產生根本上的變化。

的企劃。與衝浪衣相比，速乾短褲和T恤之類的似乎比較容易獲利，甚至會覺得他們是不是根本不想知道研究成果啊？自從建立衝浪研究小組以後，我們已經發表了超過三十篇論文，但這樣還是無法談成共同研究……實在是令人相當沮喪。」

雖然是難以獲得研究經費的情況，不過當地衝浪者的支持倒是相當熱情。先前已經在幾千名衝浪者的協助下得以推動研究。有些研究單位在招募研究參與者的時候會支付謝禮，不過紐康莫博士的學生們前往衝浪地點尋求大家協助時，幾乎大部分的人都表示沒有車馬費也相當樂意參加。「衝浪者們一定也想要更加了解衝浪。使用科學手法來研究衝浪，肯定給了當地社群相當大的震撼。」

衝浪也要考量氣候

世界各地的衝浪地點可是有著各式各樣的氣候，有溫暖的海水，也有冰冷的海水；有風力相當強勁的地方，也有空氣比海水還要寒冷的地方等。如果衝浪衣的開發能夠更有進展，那麼或許就能夠打造出配合衝浪地點設計的衝浪衣。

然而氣候變化並不只是單純影響衝浪地點的氣候，甚至可能改變波浪本身的特性。首先是海水水位上升的話，波浪的碎裂方式就不容易產生變化。這是由於一般的情況下，水深較深的場所，波浪碎裂的方式都比較平穩。「雖然還沒有進行定量檢驗，不過我們和幾十年前來都在同一個地方衝浪的人聊過，曾有人表示波浪碎裂的方式與從前不同。」提供此意見的是夏威夷大學馬諾阿分校的賈斯汀·史托帕博士。他是專門研究海上波浪的研究者，執教鞭教導學生衝浪文化以及與衝浪相關的物理現象。他自己也是衝浪者。

史托帕博士會收集衛星的觀測數據，分析波浪如何接觸海冰、大氣對於海洋造成何種影響等。而其研究可以了解大氣與海洋之間交換多少碳與氧、大氣溫度對於海洋產生多少影響等，據說也有助於預測氣候變動的模型更加精密。史托帕博士雖然不是為了衝浪而推動研究，但是氣象預報因為他的研究而提高了準確度，這與衝浪者決定前往衝浪的地點和日期所使用的工具有著密切關係。比方說，提供衝浪報告和氣象預報的網站「Surfline」，就是根據美國國家海洋暨大氣總署所開發的氣象模型提供相關服務，而開發和改良這類模型則是學術界的工作。這對於一個人想要衝浪的時候就相當有幫助，不過舉辦衝浪大賽的時候可是更為活躍。一般來說大賽期間通常是十天～幾星期左右，但並非每天比賽，而是選擇浪頭比較好的日子來比。而在這段時間內就會盡可能根據衝浪用的氣象預報，訂立比賽時程，例如「明天早上八點前就要開始，下午風向會改變，所以應該能比個四場吧」。

史托帕博士相當擔心除了氣候變化造成海水的水位上升以外，低氣壓的軌道變化很可能對夏威夷造成更大的影響。由於大氣及海水溫度上升，地球上的熱量分布也跟著產生變化，這對產生低氣壓的場所及氣壓強度都會造成影響。比方說，夏威夷北岸的知名大浪，起源是來自發生在日本海岸或太平洋北部的低氣壓。俄羅斯附近的乾冷空氣接觸到海岸邊溫暖而潮濕的空氣以後，便會吹起強風，風開始旋轉後就會橫跨太平洋往夏威夷方向移動。夏威夷群島是排列成一個弧狀的列島，因此氣旋走向夏威夷群島的方向只要稍有變化，除了過去撞擊島上的大浪有可能不再來以外，甚至波浪也可能轉向而抵達到別的島嶼。

史托帕博士表示，「氣候變化的問題，除了學者以外還需要所有人的幫助，否則根本無法解決。我希望學生們能夠建立自信去面對氣候變動。為了對此事有所助益，我才開設衝浪的課程。我想強調的是，科學以外的知識也是有幫助的。比方說，課程中我會邀請密克羅尼西亞的人來當客座講師，請他們教授關於傳統航海獨木舟相關的內容，目的就是希望大家能夠發現，就算我們不明白科學上的算式，也能夠以別的方法來深入了解波浪。」為了守護夏威夷的波浪與海岸這些貴重資源，博士的研究還會繼續下去。

專欄

差點遭到禁止的衝浪

現代衝浪的起源地據說是夏威夷的威基基，這是由於夏威夷遭到殖民後，雖然西方人原先打算禁止衝浪，但只有這裡仍然繼續這項活動。

據說衝浪最一開始是玻里尼西亞群島的人發起的運動，而其中在夏威夷更是被認為是一種男女皆能享受的娛樂活動，大家都非常喜歡，但除了娛樂方面以外，也有著靈性方面的意義，當時不同社會地位的人能夠使用的衝浪板長度和木板也是有其規定。

到了十八世紀末，西方人發現了夏威夷後，夏威夷人的文化便遭到打壓，當中也包含了衝浪。這是由於前來夏威夷的傳教士們認為衝浪一點意義都沒有，應該要把時間拿來做更有生產性的事情才對。只有威基基的海灘上傳承了所有衝浪文化細節，仍然能繼續衝浪。等到威基基成為觀光地點以後，觀光客看到夏威夷人在衝浪而感到相當有趣，後來便成為小型的觀光名勝。進入二十世紀以後，美國傳說等級的游泳選手杜克·卡哈納莫庫（Duke Kahanamoku）將衝浪廣泛推廣到夏威夷以外的地方。卡哈納莫庫出身自夏威夷，是奧運三面金牌的得主。他在澳洲和紐西蘭都站上浪頭展示此運動，大量群眾為了看卡哈納莫庫一眼而前往當地。這個文化（運動）差點被十八世紀的西方人滅絕，卻又因為二十世紀的西方人深感其魅力而將它普及，歷經這種可說是有些諷刺的歷史背景，終究發展為全世界都能享受的運動。

「馬之國」的馬匹研究

——馬匹科學（美國．肯塔基州）

在大航海時代的冒險家從歐洲遠渡重洋來到美洲大陸以前，現在的馬並不存在於美洲大陸上。

然而如今美國肯塔基州的馬匹產業卻興盛到讓這裡被稱為「馬之國」（Horse Country），理由實在成謎。或許是由於此地土壤成分帶有石灰物質，讓這裡生長出含有豐富鈣質的草，因此比較容易養育具有強悍骨骼的馬匹等，理由眾說紛紜。然而，此處多是草食動物容易生活的平坦土地、飼養勞動用馬匹的開拓者往西推進的時候將馬帶來此地、東海岸的富裕家庭為了養育比賽用馬而尋找比較寬廣的土地等多重因素影響下，造成此一結果的說法更為有力。總之養育馬匹這件事情成為習慣以後，肯塔基州中央地帶的萊辛頓市便打造了賽馬場，自此以後這裡便建立起馬匹產業中心這個獨一無二的地位。原先養育用來比賽的品種是標準馬，後來逐漸置換為純種馬。現在北美的純種馬有將近四成都是在肯塔基州出生，牠們會現身於肯塔基德比這類世界知名的賽馬競賽以及各式各樣的比賽中。

其實賽馬銷售額最高的國家是日本，不過在肯塔基州除了賽馬以外，還有馬匹表演，也有人會把牠們當成寵物來飼養，因此人類接觸馬匹的機會相當多。二〇二〇年的時候連車牌上都畫了馬兒的插圖，簡直就是在幫這種情況背書。

畢竟是馬匹與地方關係如此密切的地區，肯塔基州自然相當興盛研究馬匹。尤其是金錢流動相當大的賽馬業界提供了許多研究資金，除了馬匹的身體管理以外，馬蹄或者賽道材料等對於馬兒的腳產生的影響等諸多項目，也都有相當精密的研究。

地方大學對於馬匹業界的需求絕不漏接

當中尤其以當地民眾最為憧憬的大學，也就是肯塔基大學中，設有特別致力於馬匹研究的格拉克馬科學研究中心（Gluck Equine Research Center），更是持續研究業界各種必須解決的課題。肯塔基大學最初開始研究馬匹是作為獸醫學系課程的一環，當時大學比較有顯著成就的是牛隻研究。然而當地的純種馬產業開花以後，便開始致力於研究馬匹。一九八五年由馬匹業界捐款得以成立專門研究馬匹的格拉克馬科學研究中心後，該中心便成為馬匹研究界最具代表性的研究設施。雖然也會做一些馬匹以外的研究，不過幾乎旗下所有的研究員都會經手馬匹研究，放眼望去全美國也只有這間研究設施了。他們會與業界專家組成的諮詢委員會定期討論，交換關於目前業界需求的資訊，以及針對取得研究場所和資料進行交涉。

擔任中心主任至二〇二二年的大衛．霍洛赫夫博士表示，格拉克馬科學研究中心有三項研究領域是馬匹業界特別需要的內容。第一項就是馬匹繁殖。肯塔基州的馬業中獲益最高的正是純種馬的買賣。肯塔基大學的所在地萊辛頓市中的馬場幾乎全部都是為了繁殖及養育純種馬。一般的養殖場會飼養一百五十匹左右的母馬，大約會生下一百匹左右的小馬，而精英血統的年輕馬匹甚至一匹就可以賣到幾千萬日幣。霍洛赫夫博士表示，「牧場飼養母馬是相當大的負擔，正因為負擔如此之重，所以讓牠們生下價值高的小馬來養育，會是一筆相當大的投資。」說到底要是沒有生下小馬的話，是完全不符合成本的，因此會有許多資金集中在母馬是否容易懷孕、防止懷孕初期和

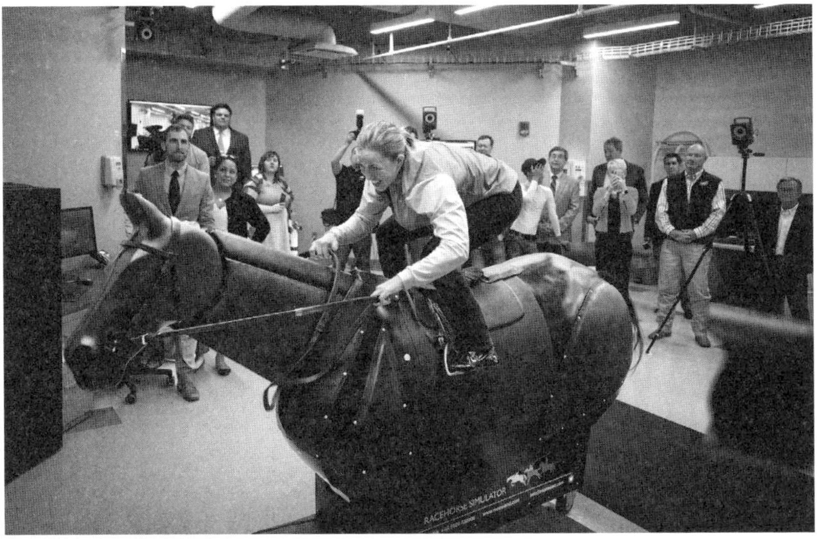

研究者們也會爲了讓騎手能夠更安全參加賽馬而進行研究（照片來源：UK Photo | Mark Cornelison）

後期流產的措施、如何為剛生下來沒多久的小馬維持健康等研究項目。

接下來就是預防傳染病。牧場必須在有限的空間當中飼養幾百隻動物，而人類與馬、馬與馬之間的接觸都非常頻繁。實在是不可能保持什麼社交安全距離，如此一來傳染病也會相當容易擴散。近年來有許多小馬出現原因不明的腹瀉問題，也是格拉克馬科學研究中心的研究者找出原因，發現是一種新型的病毒，並且開發出檢查方法。目前正在進行疫苗的開發研究。

而近年來則開始致力於比賽安全性相關問題的研究。參考人類的運動科學，為了盡可能防止賽馬場上的純種馬或者其他運動比賽上使用的馬匹受傷，因此開始研究馬匹的肌肉組織、骨骼組織以及其中發現的基因特徵。作為研究的一環，霍洛赫夫博士等人也開始研究「毀滅性損傷」，防止馬匹受到重大傷害而不得不終結牠的職業生涯。

毀滅性損傷研究

霍洛赫夫博士等人認為，比賽或訓練當中發生的重傷並非絆倒或者衝撞等單一事件所造成的，而是慢性累積較小的損傷所導致，並且以此為前提來推動研究。

所謂運動，等同要先破壞肌肉組織，在恢復的過程當中重新打造出更加強健的肌肉與骨骼。出場比賽的馬匹為了促進強韌的組織再生，必須要經過多次高強度的訓練，然而若持續進行強度過高的訓練，恢復的速度就會逐漸追不上組織遭到破壞的速度。因此訓練強度和休息的平衡相當重要。組織不斷遭到破壞的時候，就會出現損傷的慢性化症狀。

肯塔基大學的研究團隊花費兩年半採集出場比賽將近一千隻馬匹的血液，並且針對期間內受了重傷的馬以及沒有受傷的馬進行RNA比較。結果得知有三種RNA會下達指令，製作與發炎相關的蛋白質，似乎可以用來偵測馬匹發生重大傷害之前的慢性發炎。這項研究成果於二〇二一年發表後，二〇二二年起開始進行驗證。

霍洛赫夫博士談起抱負時提到，「最終目標是在馬重傷前就防止牠們受傷。如果能夠在牠們受重傷之前就找出風險高的馬匹，那麼這項研究就可以說是成功了。當然，無論有多努力，馬都還是有可能摔倒，很難讓牠們完全不會受傷，不過這項研究成功的話，受重傷的馬匹數量應該會大幅減少吧。而且馬和人類一樣都是哺乳類，細胞會發出相同的訊號，因此也有可能應用在人類或者其他哺乳類動物身上。」

關於錢的話題

要如此拼命預防牠們受傷，除了為了馬的健康好以外，也有其他相當重要的理由。

畢竟馬的成績可是與商業息息相關。霍洛赫夫博士說：「為了鍛鍊特定馬匹要花少錢？馬匹能夠帶來多少利益？經營者會根據這些事情來下判斷。」

為了讓馬贏得比賽而讓牠每天做著高強度的訓練，盡可能派牠上場比賽，隨著牠的身體漸漸損耗，最終導致馬受重傷，不得不從比賽前線退下，如此一來就無法繼續獲利。「如果馬能夠在職涯期間圓滿達成任務，就可以送牠去度過輕鬆的退休生活了，但因為受重傷而退出則是最令人難過的結束方式。」霍洛赫夫博士如此表示。

就算沒有受重傷，競賽馬只要在馬生中的某一個時刻迎來獲利低於投資的情況，在數字轉為赤字的前後時期就會被賣掉。對馬主來說，販賣馬的時機總是無止盡的煩惱。馬匹雖然會依其能力而有等級區分，但能力下滑，等級自然也會跟著下降，售價也會變得更便宜。

導致赤字的理由五花八門，可能單純只是上了年紀，或者身體狀況不太好，甚至也可能是原先就沒有才能。「非常遺憾的是要確定牠們有沒有才能，是很花時間的。」霍洛赫夫博士說：「雖然沒有人想買會輸的馬，但是不買來養真的不知道結果。如果知道馬匹根本沒有獲勝的潛力，那麼從經營層面上來看就只能判斷要把牠賣掉。這是相當數學性質、沒有人情味的交易，但若是做這門生意來維生的話，也不得不做出這種判斷。」為此，幾乎所有競賽馬都是在加入比賽沒有幾年以後就退休。理由非常單純的只是因為獲利沒有想像中來的高，被馬主判斷沒有繼續讓牠比賽的價值而已。

如果是成績卓越的馬匹，那麼就算還年輕、能夠繼續工作下去，也可能會被迫退休帶去進行繁殖。理由正是成績好的時候作為高等種馬的金錢價值比較高。像是在主要競賽如美國三冠大賽中贏得冠軍，當獲得這類重大成果的時候，就會讓人期待這匹馬若與母馬繁殖，或許會生下將來的三冠馬，因此就會作為種馬而被高價賣出。但若拿下三冠的年份只是運氣比較好的話呢？之後就算繼續比賽也拿不到好成績，而身為種馬的價值便會下降，果然也必須評估該馬匹退休的時機。

霍洛赫夫博士說明：「所有事情都用金錢的觀點來談，對於身為研究者的我來說實在是不太舒服。畢竟我一直都是抱持著對業界的興趣、喜歡馬匹的心以及希望能夠有所貢獻的心情，每天進行這些研究。但是對於那些我透過研究接觸到的人來說，這是他們維生的事業，與他們家庭的收入和未來息息相關。因此他們有時也不得不做出艱難的決定，以現實面來說，這個判斷最終正是取決於金錢上的考量。」

非常小眾的馬兒們的生存方式

這種考量成本平衡的思考方式，也開始對於馬匹的醫療有所影響。霍洛赫夫博士表示，「大概二十年前左右，動物用的小型藥品製造商被大型製藥廠收購，文化就開始改變了。」一慣於經手人類用藥的大型藥廠更為重視經費所能達成的效果，因此開發的預算就不會放到小眾動物的馬匹身上。

比方說，針對引起小馬腹瀉的病毒所開發的疫苗，就在霍洛赫夫博士等人好不容易找出原因在於新型輪狀病毒B以後，他們向有在製造馬匹相關輪狀病毒疫苗的製藥公司提出製作新疫苗的企劃。然而對方的回覆卻相當消極，說是現有的輪狀病毒疫苗已經不敷成本，實在很難製作新的疫苗。霍洛赫夫博士表示，「在被大廠收購之前就在那間製藥公司上班的人也說，在不同經營文化下開始工作以後，就算是以前會聯手進行開發的企劃，也變成只要評估無法獲得龐大利益就沒有辦法進行了。牛、豬、雞的藥品市場相當龐大，對於製藥公司來說是比較容易回收成本的領域。另外，大家會養在家裡的那些小動物也是這樣，就算那隻動物本身只有一百美元的價值，但只要飼主會為了心愛的寵物心平氣和支付一千美元藥錢的情況下，就能指望有較高的獲利。相對而言，馬匹既不是食用的家畜，也不是寵物，實在是非常小眾的市場。」

有點遺憾的科學接受度

這幾十年來馬匹業界已經產生各式各樣的變化，也有許多比較積極的項目。霍洛赫夫博士說：「我從八〇年代一路研究至今，比起技術和其他東西來說，我認為這個業界改變最大的就是接受科學的態度。當我剛開始研究馬匹的時候，對於各種現象發生的理由，到處充斥著各式各樣的成見。如今大家已經開始學會使用科學證據來判斷事情。」

霍洛赫夫博士等人所進行的重傷研究正是範例之一。長年來，賽馬只要受了重傷，大家都會說是因為運氣不好而摔倒的，而且絲毫沒有人懷疑這種說法。「畢竟馬在比賽的時候實在跑得非常快，當然有可能摔倒而因此骨折，而那單純就是運氣不好、實在是沒辦法的事情，過往的常識就是這樣的。」霍洛赫夫博士這麼說。如前所述，目前已經明白實際上是由於堆積了太多無法恢復的小損傷才會引發重傷。非常遺憾的是目前到處流傳的解決方法是近乎偽科學的營養劑投藥，以及有效的依據相當微弱的手法，不過那種試圖以定量分析來研究事物的態度，也展現出我們今後仍然需要馬匹研究。

因此，時至今日，研究仍然持續在金錢與愛之間搖擺前行。

對屋子和運動來說，草皮重要如命

——草皮科學（美國・堪薩斯州）

在美國，只要去了大都市周圍的衛星都市，不管在哪一個州都會看到非常類似的住宅區。大大的房子、至少能停兩台車的車庫，還有被翠綠叢生的草皮所覆蓋的前後院。或許房子附帶了完美養護的草皮的庭院，就是一種美國夢的象徵。無論是在哪個州、什麼樣的氣候，草皮都是那樣完美，不管在哪個季節都蔥鬱美麗。若是讓草皮枯黃、變成雜草叢生的狀態，然後放著不管，馬上就會收到鄰居的白眼，因此灑水器、割草機、草皮專用的肥料幾乎可以說是美國獨棟住戶的三種神器。

除了獨棟住宅以外，美國社會的各種場所都能夠見到草皮。公園、墓地、街上的步道，還有高中的足球場以及高爾夫球場。在美國社會當中，就算只是普通的生活也無法避免走過草皮，而如此與日常貼近的草皮，先前都是使用大量的水與藥劑來進行管理。然而堪薩斯州立大學的戴爾・布雷莫博士表示，這樣的時代已經要結束了。美國的草皮業界也終於認真打算開始節省資源。

草皮之國——美國

布雷莫博士已經在堪薩斯州立大學持續進行二十多年草皮與氣象的研究，並且引領著草皮教育小組。

在美國國內有許多草皮研究小組，但是大部分草皮研究者都是受到「贈地大學」（獲贈公有地之大學）所僱用。贈地大學是美國第十六任總統林肯為了讓勞動階級的人能夠獲得農業及工學等實用知識而設立。隨著時代轉變，贈地大學也逐漸納入其他領域的學科，不過現在還是有很多大學的強項在農學。堪薩斯州立大學也是最初的贈地大學之一，並在一八六三年所設立，而布雷莫博士等人則是為了支持堪薩斯州的草皮業界，而在研究及教育方面與產業攜手合作。全美國進行的草皮研究內容五花八門，而堪薩斯州立大學最為擅長的則是日本草皮的品種改良。

與品種改良中的日本草皮進行比較（照片提供：Jack Fry）

堪薩斯州立大學設立初期的強項在於農作物研究，而布雷莫博士表示，草皮的特徵是它並不像其他作物那樣追求增加收穫量，而是追求美麗。「管理草皮就是盡可能讓草皮維持美麗的綠色，不管是怕天氣太熱、怕水不夠、還是怕雜草入侵，都是為了保持草皮美麗的綠色。」

管理上最重要的例子之一，就是高爾夫球場被稱為「果嶺」（greens）的區域。高爾夫球的球洞就在果嶺上，為了讓高爾夫球能夠順利滾進去，草皮必須維護在相當短的狀態。然而果嶺必須短到對於草皮本身來說幾乎是地獄的程度。這是由於我們看見草皮綠色的部分，說起來就是植物的葉片。要是把草皮剪得短短的，就表示會把充滿葉綠體及氣孔的葉片部分剪短，這樣的話能夠行光合作用的面積就幾乎消失了，可以用來蒸發水分的面積也會縮小，因此在氣溫升高的時候就很難調節溫度。這等於是告訴草皮：再怎麼熱你都不能吃飯，也不可以流汗，明明累得半死還要三番兩次被人類踩爛，但還是得要美麗有活力喔。光是這種情況下能活著就應該謝天謝地了，想來大家應該能夠想像反過來說保養有多麼困難了吧。

布雷莫博士表示，「為了讓草皮保持美麗，大家習慣大量使用肥料、水和殺蟲劑，不過現在愛用多少就用多少的時代終於要結束了。近年來由於全世界對於永續發展這件事情更為關注，因此盡可能減少使用的資源並讓草皮維持美麗就變成非常重大的課題。」

尤其是近年來養育草皮一事不斷被批評對環境造成太大的負擔。布雷莫博士認為，原因之一就在於一般社會大眾眼中，草皮實在是相當浪費資源。比方說，在鄉下會大規模種植玉米，就算自動灑水裝置把水都灑到道路上，在那種超級鄉下地方根本沒有多少人會走過那條路，所以也幾乎不會有人在意。相對地，草皮大多種在有人生活的地方。在都市區域灑水裝置自動運作的時候不會只灑在植物上，也會噴到步道；也經常有人看見，就算下雨的時候裝置也會自動運作，因此很容易被認為這是浪費資源的問題。

地裡的感應器

因此，堪薩斯州立大學致力於開發能夠讓灑水量最佳化的水分感測器。先前只是單純因為「這是澆水的時間」就定期灑水的草皮，也必須開始採用經過思考後再灑水的方法了。雖然從以前就有人使用簡單的感測器，不過在大眾對於永續發展議題的關注產生變化以後，大家的目光也逐漸集中在感測器技術方面。草皮當中的水分含量若低於某個程度，就會因為感受到壓力而使葉片開始變成棕色，但若地下有感測器能夠測量土壤中的水分，就可以判斷草皮的土壤含水量是否足夠。當草皮開始感受到壓力的時候，就該灑水了。然而要判斷出何時為極限值卻意外地相當困難。有時因為地形傾斜，有些地方容易乾燥，而其他地方又容易累積水分，因此很難判斷應該要測量哪裡比較好。同時土壤性質不同也會造成需要的水分有所差異。例如，黏土與壤土的保水方式不同等，這些必須列入考量的項目非常多。就算是在同一個高爾夫球場裡，球道、長草區和果嶺的草皮品種不同，需要的長度也相異，這都需要多費功夫。布雷莫博士表示，「生長在溫暖地區的草皮所需的水分一般來說比較少之類的，這種寬鬆的範圍值勉強可以算出來。但真正確實的極限值就只能靠高爾夫場地的經理這類的管理者各自看情況去確認才行。」

幾年前，也曾有人提出根據土壤蒸發的水量以及草皮蒸發散失的水量來灑水的方法。這個方法是比較氣象資料之後，計算草皮使用的水量，然後補充那些被使用掉的量。布雷莫博士說：「就算需要補充水分，如果那天晚上的降雨機率為七〇％，那麼不用灑水其實也沒關係，大致上是能夠建立像這樣的計畫。像這樣使用複雜的算式來計算水的用量，在節省灑水量是能夠有一定成效，但並非絕對正確。在世間目光對於用水量愈來愈嚴格的情況下，土裡明明水分充足卻還灑水實在是不合道理，因此也需要用感測器測量土壤中的水分含量來斟酌才行。」

然而為了管理草皮而使用感測器這件事情，始終很難實際普及到現場。除了價格昂貴以外，使用方法和讀取方法都非常複雜，而且現在市面上販賣的產品大多必須要接電線，相當不方便。布雷莫博士等人目前正在進行的企劃是使用無人機來測量草皮上層的狀態，並搭配感測器的數據，試圖作出更精密的計算。他說：「我們這樣收集來的數據種類和數量都在大幅增加。因此在管理草皮方面，能夠應用機械學習的技術也指日可待。」

逐漸變化的美麗標準

就在大家為此努力的同時，草皮業界在永續大浪中也試圖擴散新型態的「美」。布雷莫博士說：「草皮業界已經從幾年前起就盡可能推廣新的價值觀『不需要追求整片草皮每個角落都是完美的綠色，就算有些枯掉的棕色也沒問題』。先前美國偏好深綠色的草皮、歐洲則喜歡明亮的黃綠色，但若是為了節省水源或其他資源的使用，那麼對於一眼就能看見草皮疲憊樣貌的抵抗心理也不得不減弱。」

美國高爾夫協會也正努力要將新的思考方式推廣開來。作為推廣的一環，二〇一四年美國高爾夫公開賽就決定在因夏季酷熱下枯萎的草皮上舉行。因為那時作為會場使用的派恩赫斯特度假村二號球場才剛做完大幅翻修，原先一千一百五十個自動灑水器減少到剩下四百五十個。對於美國高爾夫協會來說，這是一個讓大眾廣泛接受在乾枯草皮上打高爾夫的好機會。畢竟這其實也只是恢復成引進現代灌溉系統之前的狀態，因此他們的打算正是認為只要是草地，那麼就算當中混著棕色應該也能夠讓人接受吧。

「但是美國高爾夫公開賽轉播以後，美國高爾夫協會卻受到了相當嚴厲的批評。看來大家並不希望看到高爾夫球場是這種樣子。」布雷莫博士說：「美國高爾夫協會明明是想廣泛傳遞這樣的訊息給大眾，如今大家這麼在意永續問題，所以高爾夫賽場的草皮不用那麼完美也沒關係……。說起來高爾夫球場的管理者、使用者也都追求美麗的綠色草皮，卻很難去理解要保持完美的綠色草皮就必須支付一定的代價這件事情。當然身為草皮的研究者，我也會盡可能為了讓美麗的綠色草皮只需要提供最小量的資源而努力，然而使用水和藥劑的要求愈是嚴格，研究就不可能跟得上腳步。」

除了美麗的標準產生變化以外，美國各地的大學也正在改良或者開發出能夠在更低水量環境下生長的草皮品種。在草皮研究當中最能夠拿到研究資金的便是這個領域。在這當中，布雷莫博士等人認為永續價值最高的便是日本草皮。日本草皮與其他品種相比，能夠在水和殺蟲劑都比較少的情況下存活。雖然是比較適合溫暖氣候的品種，但在堪薩斯州立大學的研究下，目前也能夠生長於寒冷地帶。因此堪薩斯州的高爾夫球場管理者們也紛紛將球道上的草皮換成日本草皮。

如果只需要少量水和殺蟲劑就能解決問題的話簡直夢幻無比，但這當然也還是有缺點。日本草皮生長非常快速，很容易形成「草盤層」（枯草層）。所謂草盤層是指剪斷後的草皮、冬季枯葉、古老根部等堆積在土壤表層或草皮較淺處的一層東西。若是草盤層太厚，水分就不容易滲透進土壤當中，草的根部就不會長在土壤裡，反而會在草盤層中延伸而變得很容易乾燥。如果無法好好管理日本草皮，反而會更加容易乾枯。另外，日本草皮雖然經過品種改良，但是對於寒冷的耐性依然有其限度。布雷莫博士說：「目前正在處理的大課題就是如何將其改良為能夠種在更加寒冷的地區。」

草皮支撐身心健康

近年來，草皮因影響環境而容易遭受批評。草皮並非食物那類生活必需品，為了它卻要大量使用貴重的水資源，而且還會投下過量肥料和藥劑導致環境汙染，這都是事實。就連在水源不足而有問題的地區，也會將水使用在草皮上，這更加強了世間的惡評。在猶他州南部的大城市聖喬治裡，可是在沙漠的正中央有八個擁有充滿綠意的草皮的高爾夫球場；錫安國家公園附近也是，在那一整片延伸到地平線那一頭的紅棕色土壤的景色中，也矗立了不少擁有翠綠草皮庭院的屋子和飯店。

然而布雷莫博士仍然表示，「草皮的存在似乎有點太受到大家輕視了。例如，請大家想像一下城市公園裡面的草皮全部都變成土壤，又或者是長滿雜草的樣子。那應該不是個令人心情舒適的公園吧？草皮提供大家一個安穩寧靜、放鬆享樂的場所，但我覺得大家似乎並沒有對這件事情有深刻認知。」

除了身心健康以外，草皮其實具備相當深厚的根系，因此在降水量大的時候能夠大量吸取水分，防止水分及土石流失。另外，它也能夠減少空氣中的塵埃量。根據布雷莫博士表示，中國在文化大革命的時候，把國內那些會令人聯想到西方文化的草皮都給清除掉了，結果造成沙塵暴和粉塵汙染嚴重惡化，而塵埃造成的健康問題也逐日顯著。

另外，就是在各種情境當中都會需要草皮，所以以美國來說，草皮也與工作機會息息相關。直至今日，大家仍在摸索如何在善用資源與舒適和享樂之間取得平衡。

品酒也是課程的一環？

——葡萄栽培與葡萄酒釀造學（美國．加利福尼亞州）

一九七六年五月，在巴黎某間飯店裡，正在舉行遮住葡萄酒品牌來盲飲評比的活動。當時評比的是被視為全世界最頂級的法國波爾多葡萄酒，以及普遍認為平價而相當普遍的美國加州葡萄酒。評審都是在法國相當有名氣的葡萄酒專家，他們喝了十種白酒及十種紅酒，並且對其品質評分。

不論是誰都認定絕對是波爾多葡萄酒佔了上風，然而最後結果出爐，紅酒、白酒兩種怎麼竟然都是由加州的葡萄酒拿下了冠軍？這件事情後來被稱為「巴黎審判」。

由於得到了比知名波爾多葡萄酒更高的評價，自此以後加州產的葡萄酒銷量便有了爆炸性的成長。當中最有名的生產地就是納帕郡。從舊金山搭車搖搖晃晃一個半小時，風景由矽谷的都市風格驟然轉變成放眼望去都是葡萄園景色的時候，就表示進入納帕郡了。加州有約莫四千五百家酒莊，大約占全美國葡萄酒生產量將近九〇%。而當中大約有五百家集中在納帕郡，此地的紅酒中則以卡本內蘇維翁[1]及其混釀紅酒在全世界都相當出名。

加州首次有人建造葡萄園是在一七六〇年代，之後加州的葡萄酒產業在成長與衰退兩頭來來去去，到了一九三〇年代時，由於美國的禁酒法而一口氣瀕臨消失。

當時為了要復興加州葡萄酒產業而設立的，正是加利福尼亞大學戴維斯分校的葡萄栽培與釀造學系。他們經常使用最尖端的科技，不斷為大學周遭包含納帕郡在內的葡萄酒生產地提高他們的葡萄酒品質。加州的葡萄酒產業從幾乎是跌落到谷底的狀態，一直到巴黎審判日那天，不到五十年就成功逆轉取得勝利，正是因為有大學研究的協助。據葡萄栽培與釀造學系的系主任大衛·布羅克博士表示，當時積極納入時代尖端技術的那股潮流，一路傳承至今。他說明：「納帕郡的特徵之一，就是葡萄酒生

1 用於釀酒的葡萄品種之一。

產者都曾經在本學系或者其他大學接受過製作葡萄酒的課程及訓練。製作葡萄酒需要高度的專業知識及技術，而納帕郡能夠在比較短的時間內成為知名產地，是因為這裡有許多幾經歷練的專家在工作，並且他們會共享彼此的知識。納帕郡中品質不良的葡萄酒相當稀少，正是因為如此。」

要製作葡萄酒，「遊牧」工作者比較適合？

在加利福尼亞大學戴維斯分校裡，葡萄栽培與釀造學系還區分為學士課程與碩士課程。提供給大學生的學士課程在頭兩年要學習物理、生物、化學等科學基礎，並且將這些知識活用在接下來兩年的葡萄栽培與葡萄酒釀造課程中。課程內容包含了葡萄的培育方式、葡萄在生理學上的特徵、葡萄的疾病及寄生生物、葡萄酒使用的機械以及酒莊的架構、葡萄酒當中發生的化學反應等等。而為了能夠評估並且表現出葡萄酒的風味，在感官評估的課程上，也會讓大家品酒。當然囉，這品酒可不是單純享受就好，可是要打分數算成績的。像這樣學習各式各樣的領域，來讓學生得到所有與葡萄酒相關的基礎知識與實習經驗，正是這學科的特色。加利福尼亞大學戴維斯分校在這個領域中是研究與教學歷史最長的機構，世界各地與葡萄酒相關的學系，都是參考戴維斯分校的教育課程。

話雖如此，美國的合法飲酒年齡是二十一歲，那麼學生怎麼會想要選擇葡萄酒作為專攻學系呢？布羅克博士說明，學生當中有三分之一左右是家裡就與葡萄酒製造業相關，又或者是出身喜好葡萄酒的家庭，因此原先就打算走葡萄酒這條路，另外三分之二的學生則是由其他學系或者其他大學轉進來的。「我們有葡萄酒入門的講座，每年會舉辦三次，每次都會有五百位學生前來聆聽，是非常受歡迎的講座。有很多學生因此知道來我們這裡就能成為製造葡萄酒的專家。我自己是在完全沒有喝酒的家庭中長大，所以從來沒想過自己能夠以此為業，但我希望能夠讓更多學生知道未來也有這樣的選擇。」

學生們在畢業後勤於實習，有很多學生會為了實習而在全世界到處奔波。最常見的實習行程是在六月畢業典禮之後，先在北美洲的某處實習，等到葡萄收成的季節過了，進入冬天以後就前往南半球實習，並且在南半球進入冬天時又回到北半球繼續實習，大概是這樣的情況。因此畢業後大約一年半的時間，有非常多學生在世界各地到處實習然後就業。

就算是實習結束以後，也能夠在全世界到處奔波工作。「以畢業生的例子來說，有人甚至是每年都在不同的地方工作。我認識的人當中，有人在中東、義大利或匈牙利熟識的酒莊工作，等到季節更替就前往南半球的阿根廷、澳洲或者紐西蘭，然後又回來加州釀葡萄酒，也是有人是以這樣的模式工作。」布羅克博士說：「在世界各地到處奔走也是製造葡萄酒這個工作的有趣之處，我想今後這些負責製作葡萄酒的人應該也會在全世界到處奔走吧。雖然大家不太知道這件事情，不過釀葡萄酒的工作，對於喜歡旅行、喜歡在不同文化中生活的人來說，應該是非常有趣的職業途徑。」

科學讓藝術化爲可能

大體上來說，把葡萄酒放在那邊它也會自己釀好，只是不好喝而已。畢竟只要把葡萄丟在某個地方，它就會自己發酵了。布羅克博士表示，「因此我們要把科學當成工具箱來使用。像法國波爾多那種一如過往以相當基礎的手工作業的製作過程當然也能夠打造出相當美味的葡萄酒，但若能理解實際上在科學中發生了什麼事情，那麼就

大學內的酒莊。在特別訂製的發酵槽進行研究
（照片提供：University of California, Davis）

能夠有計畫性的打造出特別的葡萄酒。畢竟製造葡萄酒就像是一半科學、一半藝術的東西。」

在這之中布羅克博士特別注意的，就是讓葡萄酒具備製造者想要的口味及香氣的技術。像是讓葡萄酒陳化的釀酒桶使用方法、特定出能夠決定葡萄口味的基因等項目都已經有所進展，布羅克博士自己的研究室則是進行葡萄酒酵母的研究。

讓葡萄酒發酵的時候，酵母會分解醣與氮，製造出二氧化碳及乙醇，而在這個過程中會順便製造出各式各樣的化合物。這些化合物會賦予葡萄酒香蕉般的香氣、又或者是腐爛雞蛋般的臭味，氣味五花八門。在布羅克博士的研究室當中，使用數學模型來比較各式各樣的酵母代謝的過程，並成功判斷出哪個酵母在哪個過程中會產生什麼樣的香氣和口味。在這點解析出來以後，接下來就能夠評估改變酵母的哪個基因可以讓想要的化合物多一點、又或者是讓它不要形成太多某種化合物。「在開始研究酵母的二十五年前，使用在商業上的酵母種類大概只有二十種左右。但如今至少有五倍之多的種類被使用在商業當中。這是因為大家拼命進行酵母的育種。

使用基因改造的技術來進行酵母育種的話，就能夠更快開發出新的酵母，同時也能夠拓展出葡萄酒更多樣的風味。然而使用基因改造的酵母來製造的葡萄酒，消費者又是否能夠接受呢……？不過目前已經有很多食物使用了基因改造的酵母，隨著時代演變，社會上的思考模式或許也會改變吧。」布羅克博士如此說道。

科學是解決問題的方法

先進的科學知識除了能夠拓展創造性表現以外，發生問題的時候更是扮演著不可或缺的角色。「說得極端點，會獲獎的那一年，就算只是把葡萄放進發酵用的機械裡面，沒什麼困難就能做出頂尖的葡萄酒。相對地，如果因為異常氣象對葡萄的收成產生影響，或者酒莊裡發生任何故障的時候，科學專業知識就能幫上大忙了。」

尤其是近年來，納帕郡最頭痛的問題就是山林火災。大約十年前開始，澳洲就有山林火災的問題，而納帕郡則是約在二〇一七年才開始關注這個問題。先前在加州雖然也很常發生山林火災，但那幾乎都是發生在遠離人煙之處，又或者是葡萄收成季節結束了以後。但是二〇一七年在仍有大量葡萄尚未收成的十月發生了山林火災，而且地點離納帕郡非常近。二〇一八年和二〇一九年雖然平安無事，但是酒莊們在二〇二〇年卻受到了重大打擊。山林火災居然在收成季節前的八月直接襲擊了納帕郡。大火從納帕郡的東邊不斷延燒後轉移到北邊，之後又繼續擴散到西邊。十月又發生了規模更大的山林火災，就連中央地區都被燒得一乾二淨。二〇二〇年一連串的山林火災對葡萄酒業所造成的經濟損失，相當於三十五億美元。之後大家開始評估抑制葡萄園周邊山林火災的方法，但布羅克博士認為今後山林火災仍會持續襲擊葡萄園周邊。「目前正致力於研究一旦葡萄園周邊發生山林火災的時候，要如何保護葡萄？或者如果無法保護葡萄，那麼要怎樣才能消除煙霧對於葡萄酒的影響？現在美國和澳洲針對山林火災，都採用各式各樣的觀點加速進行研究，但大家都還沒有找到正確答案。」

另一個可以利用科學解決的問題就是葡萄酒產業的勞動力短缺。不僅納帕郡，整個葡萄酒業界人手不足的情況相當嚴重。因此也相當盛行開發能讓葡萄栽培及收成作業等各種流程自動化的機器人。比方說葡萄園的收成工作，目前雖然已經有九成仰賴機械作業，然而葡萄的剪枝，以及為了調整光線而修剪葉子的工作還是人工進行。加利福尼亞大學戴維斯分校正在開發可以在葡萄園裡測量葡萄特性的機器人。這個機器人目前可以在葡萄園裡遊走，測量糖度和苯酚濃度，將來則是以對抗病原體、協助人類預測收成量為目標。目前這類工作都是靠人類坐著曳引機，把葡萄樣本放入塑膠袋中壓碎，然後測量，可以說是相當於類比時代的方式。但從現在開始，往後五～十年內，可望葡萄酒栽培機器人的技術更上層樓。

葡萄酒的SDGs

為了面對將來，有效活用資源也將成為業界整體盡全力研究的課題。

眾所皆知，葡萄酒產業會使用大量的水，而且幾乎都是用在清洗製造機器上。葡萄酒本身的酸鹼值約為pH3-4，而且酒精濃度也有一三～一五%左右，所以病原體這類生物不會在機器內生長。與容易培養出病原體的牛奶相比，以有無毒性的觀點來說，實在是不太需要擔心，然而葡萄酒只要混入了一點東西，就會改變其味道與香氣。為了不讓葡萄酒釀造前功盡棄，所以葡萄酒生產者總是相當神經質地在打掃機器。每次使用機器就要殺菌和打掃，結果光是製造一瓶紅酒，實際上就要用掉約五瓶的水。布羅克博士說：「和其它業界相比，或許這不是什麼太過令人驚愕的數值，不過培育釀酒用葡萄的產地，大部分都不是水源豐沛的地方。」雖然目前已經參考酪農業開發的自動清洗系統進行改良，不過加利福尼亞大學戴維斯分校除了希望能夠減少用水量以外，還計畫建立一個能夠使用從建築屋頂收集的雨水的自動清洗系統。不把髒汙的水直接倒掉，而是再次萃取出清潔液和水，多次重複利用。目標是五年內讓用水量降低到製造一瓶葡萄酒只用掉一瓶量的水。

實際上，實現這個構想的是大學擁有的示範酒莊。布羅克博士稱讚此設施是「世界最永續的酒莊」，除了運作自動清洗系統以外，設施內的電力來源是太陽能發電，為了讓酒莊在陰天以及晚間都能夠有電力可使用，會將多餘的電力儲存在原先裝在汽車裡的中古電池。這並非實驗用的小型設施，而是足以與納帕郡裡小酒莊匹敵的規模。自從十一年前成立了示範酒莊以來，已經有幾千位葡萄酒生產者來此觀摩最新技術。「實際上有許多葡萄酒生產者在看過示範酒莊以後，將永續經營和自動化方面的技術加到自己的酒莊。這正是示範酒莊應有的樣子，身為業界頂尖研究機關，我們應該要為了業界人士將新的技術化為可能，並將實際的樣貌展現在他們面前。」

正是從事娛樂相關的工作，所以才要樂在其中

布羅克博士說，以製造葡萄酒為業的人，大家都是非常喜愛自己工作的人。會積極接受尖端技術的原因想來正是在此。「我在來加州前工作的那個業界，有許多不對工作抱持熱情的人。正因為我已經看過很多那樣的情況，所以我能明確告訴大家，葡萄酒業界裡要找出對葡萄酒沒有熱情的人，真的非常困難。畢竟葡萄酒就是為了享受而做出來的商品嘛。對於進到葡萄酒業界的人來說，了解葡萄酒與食物的搭配、品嘗世界各地的葡萄酒與食物，並跟家人和朋友一起享受，是一件非常有魅力的事情。在大學裡，我們雖然將學習重點放在製造葡萄酒的科學面，但科學只是用來創造的工

作，因此我希望大家不要迷失在科學中而忘記當中的樂趣。我也希望能有更多人可以考慮選擇這條路作為自己的職涯。」

編織主題樂園夢想的教育課程

——主題空間學（美國・佛羅里達州）

東京迪士尼樂園，讓日本人愛到不行。除了日本以外，世界上還有很多迪士尼樂園，而當中規模特別浩大的正是位於美國佛羅里達州奧蘭多的迪士尼世界，並由四個主題不同的樂園構成，以總面積來看，範圍幾乎超過東京山手線內側。

而且位於奧蘭多的還不只迪士尼世界，另外還聚集了包含環球影城在內的各大主題樂園，來此度假的觀光客可以像溫泉巡迴旅行那樣巡迴各主題樂園。提到當地產業，聚集在此的自然就是經營主題樂園的公司以及支撐其活動的企業，這裡正可說是世界上主題樂園的中心地。

在奧蘭多這裡，將主題樂園的「夢想」打造方式作為學問來進行研究、透過實踐來教學的大學課程，自二〇一〇年後半起如雨後春筍般冒出。而這些課程除了教導與主題樂園相關的內容以外，還包含餐廳、賭場等具有主題性的空間展演及其建築。

其中一門課是佛羅里達大學的主題空間整合碩士課程。引領此課程的是建築師史蒂芬．格蘭特先生。他是經營此領域已經有四十二年的老道建築師，當中有二十八年在負責企劃迪士尼遊樂設施的華特迪士尼幻想工程公司裡以建築師身份工作。

他說：「這個學科的教育課程，把我花費整個職涯學習的事情全部都放進去了。包含主題樂園建築在內的主題空間設計，這在科學上來說算是新的領域。因此必須教給大家的事情以及需要研究的事情都很多，我們大學也是有鑑於此才開設課程。」

令人憧憬之地——奧蘭多

全世界想要進入主題樂園就職的學生，都集中到了佛羅里達大學的課堂上。大部分的學生並非來學習設計遊樂設施需要的基礎工程知識與建築知識，而是從機械工學到會計學等各種學系畢業後擁有基礎知識的學生們，希望更加了解主題樂園業界，藉此將他們各自的專業活用在主題樂園當中。也有些是佛羅里達大學的建築系學生，為了更上層樓而將此作為他們碩士課程的一環。除了佛羅里達大學以外，也有其他大學將主題樂園作為專攻的碩士課程，有些則是包含外觀設計在內的藝術總監培養課程，也有些把服務招待和觀光學等納入碩士課程之中，以求讓學生能夠學習主題樂園業界的全貌。

格蘭特先生表示，「來我們大學課程入學的學生，幾乎都是夢想著要進入主題樂園，尤其是到華特迪士尼幻想工程公司工作。在我進公司的時候，公司的知名度還很低，而我自己只是剛好看到新聞廣告才去應徵。雖然公司現在在年輕人之間已經變得相當有名，但事實上不可能所有人都能夠進到華特迪士尼幻想工程公司裡工作。因此我們會讓他們理解其他支撐主題樂園產業的公司多如山高，讓他們找到最能夠讓自己心動的企業，這也是我的工作之一。」也因此目前的就職率是一〇〇％。據說幾乎所有學生都進入迪士尼、環球影城，或者是負責創作的工作室、又或是製作道具的公司等位於奧蘭多的企業就職。

不得破壞世界觀

在這個學科中，格蘭特先生最為重視的，就是培養出卓越超群的溝通能力。格蘭特先生認為，要讓具有主題性的娛樂化為有形的話，相較於其他業界，必須與完全不同領域的人進行溝通的機會更為頻繁。

他表示，「學生們都抱持著想要設計主題樂園的心情來就學。然而那並不是某個人獨自關在房間裡設計，然後建築師和工程師依樣畫葫蘆就能做出來的，實際上是集結一百多種領域的專業知識設計出來的共同創作。比方說就算只談照明就有五～六種，諸如展示用燈光、用來讓人得以看見東西的燈光、主題燈光等等。學生雖然不必成為最優秀的建築師、最優秀的工程師，但是必須要成為能夠與眾人同心協力工作的優秀人才。」因此在入學後第一個學期，幾乎都是在有系統的學習溝通並且加以實踐。讓大家以小組的模式來設計乘坐設施或表演，也會要他們撰寫整理包含所有必需物品、超過六十頁的企劃書。

當然也要學習實際上就職時會遭遇到的課題。格蘭特先生認為，與一般建築師相比，對於那些負責遊樂設施製作的建築師來說，課題在於一方面要考量安全性，同時要遵守法規的各種規範，還要符合設計師所描繪的樣貌等等，然後思考如何才能在不破壞主題性的情況下實現這個設計。比方說該把緊急出口標示設置在哪裡？在一個模仿成洞窟的空間當中，如果出現了刺眼的出口標示，那麼洞窟的氛圍馬上會被破壞殆盡。另外，還要考量火災的可能性，確保消防車能夠輕易進入的動線。

而使用在建築上的材料也非常重要。

格蘭特先生說：「例如，在一整年都處於高溫又高濕的佛羅里達州，木材相當容易劣化、很麻煩，因此不適合用來作為建築材料。但是經常會出現為了展現世界觀，必須要使用木材的情況。這種時候可能會考慮使用塑膠或者混凝土作為替代品，但這也還是要考量材料的特性。塑膠製的建築物在燃燒時有產生有毒氣體的危險，因此我們會盡可能累積那些關於塑膠種類、使用場所的知識。」

要維持世界觀，除了外觀以外當然也不能有損質感之美。木材的簡單替代方案就是使用堅硬的塑膠包覆保麗龍類的材質，讓它看起來像是木材的樣子，但若進場的客人去摸或者敲敲看，就會有種廉價感。格蘭特先生說：「所以，最後決定在大家伸手會摸到的地方就用真正的木材，手碰不到的高處就使用塑膠等材料。」

職涯中的學習

在格蘭特先生的職涯當中，曾發生過這樣的事情。那是他負責迪士尼世界購物設施「迪士尼之泉」建築的時候，藝術總監曾說，希望牆壁是一九二〇～三〇年代的南佛羅里達建築風格。那種建築風格是沒有縫隙的混凝土牆、相當美麗，然而現代的混凝土牆卻絕對不可能沒有接縫。這是由於混凝土有可能會裂開，而裂開後若有水滲進去的話會非常危險。一九二〇～三〇年代時的牆壁厚度接近一公尺，比現在厚上許多，因此就算混凝土稍微裂開一點也不會被認為有問題，然而現代的單薄牆壁如果建造的時候沒有留出接縫，那麼裂開造成的風險就會相當高。結果折衷方案就是製作成很難看見的接縫。

迪士尼之泉的建築也必須密切的與消防員合作。格蘭特先生表示，「光是火災的時候，消防車要怎麼進來，必須考量的事情就多如山高。我想一般人應該是很難想到這件事情，但總之消防車進不來就是不行。所以必須掌握消防車在方向盤打到最底、迴轉的時候外側的輪胎畫出的半徑、建築用地的樹木高度、樹枝高度，還有要從哪裡接消防用水、水壓是否足夠等等。意外的非常複雜。」順帶一提，他和消防員一起檢驗了幾千個地方，因此也跟對方有著非常好的交情。

由於奧蘭多附近有非常多專家在工作，因此除了格蘭特先生以外，也會邀請來賓演講相關的話題，而這也是本學科的醍醐味之一。自從開設課程的三年內，就邀請了一百二十位來賓講師。

編織主題樂園的夢想世界，就是締結人與人關係的工作。這也讓我們窺見了主題樂園的另一面。

專欄

打造主題樂園的地方

佛羅里達大學的主題空間整合碩士課程中，也會學習關於主題樂園的歷史。我想介紹其中一個例子。

主題樂園是從歐洲的庭園開始。十七世紀前後興起打造一般市民也能在裡面閒逛或野餐的公共庭園，之後又加入了音樂廳、迷你動物園等娛樂性質的元素。在這樣的庭園中加進了乘坐設施以後，就是初期的主題樂園。

如今奧蘭多雖然以主題樂園中心地的身分君臨世界，然而過去它與歐洲庭園的樣貌相去甚遠，是沒有什麼知名亮點的溼地。而現在奧蘭多的主題樂園興盛到能夠讓這個城市躋身全美國觀光客人數名列前茅的理由，是土地與道路。

迪士尼公司創辦人華特．迪士尼首次打造的主題樂園是位於加州南部的迪士尼樂園。在此之後，迪士尼先生雖然下定決心也要在其他地方打造主題樂園，但那時認為最重要的條件就是確保廣闊土地，以及周遭要什麼東西都沒有。這是因為他想著務必要挽回加州迪士尼樂園的「失敗」。迪士尼樂園在建設的時候，明明周遭的土地都是整片玉米田或者橘子園，後來卻接二連三蓋起了社區、看來不怎樣的飯店及汽車旅館。迪士尼先生相當不喜歡這種情況，因此下定決心之後如果要再蓋主題樂園的話，一定要打造出一個放眼望去都是夢幻空間的世外桃源。在調查是否有實現的可能性時，奧蘭多這個地方便成了候補名單。

除了這一帶的土地完全無人使用以外，奧蘭多附近正好有兩條主要高速公路交錯也是非常大的優勢。畢竟作為汽車社會的美國，如果附近有高速公路，那麼就比較容易從各地聚集人群。受到迪士尼世界的吸引，環球影城也來到奧蘭多開張，因此培育出支撐兩者的企業，進而造成要在此地開設主題樂園變得更加容易……這樣的循環造就了奧蘭多成為主題樂園的都市。

著名的賭城以綜合型度假村走在研究尖端

——賭博研究暨娛樂工程（美國・內華達州）

以賭場聞名的拉斯維加斯觀光勝地「賭城大道」，那裡聚集了穿著燦爛絢麗服裝及手工訂製套裝的客人，四下迴盪著賭博籌碼交錯的聲響，背後還有黑道組織的交易……。

……那種情況說起來大概都已經是五十年前的事情了。提到現代的拉斯維加斯賭場，那可是乾淨許多，完全是以企業管理的方式來經營。以賭場為中心，將商業設施、住宿設施及主題樂園都集結在一處的「綜合型度假村」的經營管理階層，都是那些取得ＭＢＡ之人，或者是在不同領域裡拿到博士的菁英們。既然作為一門生意，盈利當然是最低條件，因此為了不讓使用者在賭博之後陷入困擾，如今就連經營賭場的企業也積極自行開發解決賭博成癮問題的企劃。

而支撐著這個持續進化到令人目眩神迷的產業，正是內華達大學拉斯維加斯分校的國際博弈研究所。他們在賭場聖地拉斯維加斯，與經營度假村的公司以及提供賭場遊戲的博弈公司攜手合作，進行有關賭博的研究。

研究所是諮商所

國際博弈研究所除了研究賭博成癮問題以外，賭場、線上遊戲的開發、世界博弈規則，以及賭場給地方帶來的經濟效果等，只要是與賭博有關的項目全部都涵蓋在內。大多情況是業界方面有人前來諮商，因此設立相關研究小組。有時候是教職人員加入成為小組成員，也可能是讓學生以比稿方式提出建議。

也曾經以過去發生過的醜聞為題目，提出用來防止賭場中作弊行為的方案。當時作為題目的是，在百家樂賭桌上贏得了相當於十億日幣的撲克牌玩家的手法。他使用的是被稱為「花紋辨識」的手法。其實就算在同一組卡牌當中，卡片背面的印刷也會有相當細微的印刷偏差或者缺陷，造成每一張牌的花色都不相同，而看清這些牌有哪裡不同並且記憶起來，這個方法就是所謂的花紋辨識。當時的課題就是如何避免這種事情再次發生。請學生以比稿的形式提案，讓大家各自提議，最後是「使用白色燈光照射用來發牌的箱子，讓人無法看見圖樣」這個點子在比賽中獲得優勝，甚至最後還申請了專利。

日本的綜合型度假村

國際博弈研究所的據點雖然在拉斯維加斯，但畢竟是全世界為數不多的賭博研究所，因此找他們商量的案子來自世界各地。當然日本也不例外，也曾經有人委託他們調查。

日本公開認可的賭博基本上就是賽馬和柏青哥等這少數幾種，不過在二〇一六年的時候，日本決議通過推動綜合型度假村（ＩＲ）的法案。綜合型度假村當中以拉斯維加斯、澳門以及新加坡較為有名，以新加坡的濱海灣金沙酒店來說，包含了屋頂外型為船隻且頂樓泳池特別有名的飯店、高級品牌林立的大型購物商城、世界最大的賭場、會議室，以及飯店外就有博物館可以參觀，各項設施都聚集在一處。作為新加坡象徵而出名的魚尾獅像也在飯店對面。ＩＲ推動法的目標，就是在日本打造一個像這樣的綜合性度假村設施，並且使其成為一個觀光據點。

國際博弈研究所的研究部長布蕾特・艾巴巴內爾博士與她的同事共同針對日本的綜合型度假村進行了調查。她表示，「如果要將包含賭場在內的綜合型度假村就這樣整個放進日本，那麼預期會對社會、經濟方面造成什麼樣的影響，以及過去拉斯維加斯在驅逐犯罪組織後將賭場經營轉換為企業文化的方法等，相關調查我都整理成一份報告。在日本這種包含賭場在內的度假村，會對於黑道團體帶來什麼樣的影響這點，一直都是大家熱烈討論的主題，由於大家都相當擔心此事，因此我也整理了一些相關資料提供給大家作為參考。」

日本原先就喜歡賭博

面對綜合型度假村，大多數一般市民所擔心的，就是有可能會造成賭博成癮的人增加之類的社會性不良影響，但是國際博弈研究所的結論是，以日本來說，開發綜合性度假村會造成賭博成癮者增加的風險相當低。國際博弈研究所的分析結果是這樣解釋的。

「日本單一人口擁有的遊戲機器是全世界第二多，而且日本現在已經有好幾種博弈／賭博合法化，並且這些都在幾十年內不斷轉換其型態提供給大眾。也就是說，在日本社會中其實賭博的曝光程度相當高，而且時間上來說也已經發展很長一段時間了。」

由於大眾已經有著充分與賭博接觸的機會，因此，至少在剛開始引進的時候，只要盡可能使人們覺得「稀奇」的印象降低，那麼導致的弊害就會減少。

然而，該份報告同時也指出，能夠支援治療及預防成癮問題的企劃仍有其必要性。談到「弊害減少」，指的正是在「依照科學根據發展治療及預防企劃」的情況下。在日本，一旦賭博成癮，其實能接受到的幫助相當有限，因此改善的必要性也非常大。

艾巴巴內爾博士表示，「會賭博的人當中有九五％都沒有任何問題，只是開心享受其中。剩下發展為成癮症頭的人只有五％，然而被害卻會傳染。除了下場賭博的當事者以外，也會影響到其家人和親朋好友。明白這一點是相當重要的。」

由於必須要在賭博成癮造成傷害以前就加以預防，因此近年來各綜合型度假村公司都推動起「負責任的博弈」（Responsible Gambling，又稱理性賭博）。也就是企業方面將會盡可能協助客人不要陷入成癮狀態、也不要讓他做出可能造成別人困擾的行為，並將此當成顧客服務的一環。實際上執行的例子像是盡可能不要讓廣告出現在脆弱族群眼前、或者讓賭客能夠事前設定自己可以用來賭博的金額、又或是讓賭客設定一個不能下場遊戲的期間，讓自己遠離賭場等。

企業會自行支持防止成癮的目的是什麼？如果目標是要增加收益，那麼這對企業來說有什麼優點？我如此詢問艾巴巴內爾博士，而她則表示，「大企業一般都會被認為是個沒心沒肝的組織，但其實在大企業裡工作的也都還是人啊。」

「在我看來，每間公司會成為擔任『負責任的博弈』部長的人，都是單純想要阻止傷害。例如，大型度假村企業美高梅國際酒店集團的部長就是臨床精神科醫師；運動彩券公司DraftKings的部長則曾經擔任奧勒岡州問題賭博委員會的會長。坐到那個位置上的人不僅了解賭博，也都是相當理解成癮症及其傷害擴散方式的人。能夠看到這樣的潮流，就感覺企業文化中也有著人性，感受到未來還是有希望的。」

而在思考相關方案的時候，各國文化所帶來的課題也不盡相同。國際博弈研究所負責的案件之一就包含了韓國的例子。韓國的賭場幾乎都是開放給外國觀光客，不過二〇〇〇年的時候有間韓國人也能進入的賭場開張了。那時候他們來尋求國際博弈研究所的協助，詢問「內華達州如何在阻止傷害之後仍然大獲成功呢？」像是為了治療賭博成癮而研究各式各樣的治療方式、看診方法等，國際博弈研究所的研究者具備相當多這類有效手法的相關知識，而他們知道當中最有效果的就是提供賭博輔導熱線。不管是下場賭博的當事者、他的家人或者親朋好友，只要是賭博相關的問題都可以撥打那支電話尋求協助。因此韓國為了複製這個方式，花費了相當於日幣一億元的資金設置了熱線電話。

然而，在韓國卻沒有半個人打那支電話。研究者們事後才發現這個問題，以美國來說，大眾比較不會抵抗撥打熱線電話向陌生對象傾吐自己的煩惱，但是在韓國的文化當中，要將自己的煩惱吐露給從未見過面的人實在不是件容易的事情。之後韓國便修改了隱私及匿名性的相關規定，採用了能夠線上匿名尋求協助的方法。

艾巴巴內爾博士說：「對於在全球經營賭場或ＩＲ設施的企業來說，不管是在哪一個國家經營設施，都是以推動負責任的博弈作為目標，不過還是必須慎重考慮引進的方式。當然在日本，賭客的屬性和習性應該也和其他國家不同吧。」

娛樂的世界

綜合型度假村除了賭場以外，其他娛樂項目也是不可或缺的。

內華達大學拉斯維加斯分校也有娛樂工程的學科，內容主要為開發表演活動中各式各樣布景及道具。作為這個世界上少見的教育場所，可說是孕育了活躍於拉斯維加斯及世界各國都市的下一代工程師。

帶領此學科的是在此領域已有三十年經驗的老手麥可．傑諾瓦教授。他原先是在一間每年會舉辦四百場表演活動的公司工作，是一位專職空中吊掛的技術人員。空中吊掛就是這三十年來技術產生巨大變化的良好範例，靠著電腦的自動控制能力有了跨越性的提升，已經變得能夠做出更加複雜的表演。以前靠手動拉繩子操控東西，現在則已經進化到沒有電腦力量就無法確保其安全性的領域。

內華達大學拉斯維加斯分校為了讓最尖端的技術能夠活用在娛樂現場，將程式設計、電力工程到機械工程等必要知識全部灌注到學生身上。從設計到製作，幾乎所有

娛樂工程學畢業生在畢業典禮上吊掛在空中出場
（照片提供：UNLV Photo Services）

的階段，傑諾瓦教授自己也會參與其中。畢竟是針對娛樂事業的學科，戲劇課程也是有其必要。此外，由於娛樂產業不斷以驚人的速度持續進化，為了讓觀眾能夠看到新的事物，就必須要將最尖端的技術以及嶄新的點子都納入教育。因此，拉斯維加斯著名的娛樂事業團體也是他們的顧問委員會成員，如此一來教育就能夠跟上業界的最新潮流。他們與一般的工程系不同，並不是單純打造出能夠安全運作的機械架構，而是被要求必須提供能夠讓觀眾看了大感驚喜的東西。

數位的最尖端

傑諾瓦教授說，娛樂業界最為矚目的就是無人機群體進行移動的「無人機群飛」技術。無人機群飛並不單純只是一大群無人機一起飛翔，而是必須讓無人機的機體之間進行溝通，使其自動進行較為複雜的任務。因此近年來這種技術的用途相當受到矚目，比如災害時的救援活動，以及包含邊境巡邏在內的軍事利用等。

而這種無人機群飛的技術，從娛樂的觀點來看是一種能夠帶給人前所未見的臨場感的技術。只要在無人機的每個機體都裝上ＬＥＤ，就會成為可移動的光舞表演。在美國，像是運動比賽的中場休息等時間，已經開始經常出現這類無人機表演。

傑諾瓦教授說：「在典型的劇場裡觀看戲劇，燈光照明只會出現在舞台周遭，對觀眾來說是相當遙遠的。相比之下，無人機能夠來到觀眾身邊，打造出更有臨場感的表演。我第一次看的時候，真的覺得實在是相當夢幻。畢竟只要伸手似乎就能摸到了。」看來似乎是連同道中人都會大受感動的新技術。

不過萬一無人機掉了下來，對於觀眾或表演者造成危險的話可是萬萬不能。因此大家需要的是就算有一個零件或者飛行演算法發生不良，其他部分也都能遞補上來迴避風險，在機能上有一定容錯的空間。情況就像是人類如果一隻眼睛受了傷，也還能靠另一隻眼睛撐下去的感覺。目前的設計上來說，預定要讓次世代的無人機在故障掉落以前就離開正在表演中的無人機群，抵達原先預定著陸的地點後自動關機。

傑諾瓦教授說，安全性也是在課堂上經常討論的話題，「非常遺憾的就是娛樂業界曾發生過表演中的意外造成表演者身亡。安全性在所有工程領域當中都是基本中的基本，娛樂用的技術也是安全性第一。無論如何都不能夠危害到表演者或者觀眾。」

走向多樣性享樂方式

除了無人機以外，另一種發展迅速的技術則是結合了現實與虛構的環境，被稱為延展實境（XR）。XR包含了打造出完全人工數位環境的虛擬實境（VR）以及讓虛擬世界的東西覆蓋在現實中的擴增實境（AR）等。與傑諾瓦教授同執教鞭的S・J・金博士負責的正是開發能夠使用XR技術的次世代表演。金博士首先考慮的是將拉斯維加斯其他地方正在進行的表演，同步投影到拉斯維加斯知名景點百樂宮的水舞上。金教授說：「ＶＲ當然也很有趣，但是虛擬實境只有視覺完好的人可以享受，並不是一種整合性的享樂方法。我認為應用各種感官體驗，與現實結合，對於今後的娛樂事業來說才是好的發展。」以通用設計的觀點來看，如今的世代已經開始重視起必須思考能讓更多人感到開心的娛樂事業。金教授表示，「雖然大家很容易將目光放在賭場上，不過拉斯維加斯其實也是走在數位體驗最尖端的城市。畢竟率先接受全新技術，才能夠讓觀眾看到最新穎的東西。也因為如此，即使我在這個業界已經很久了，還是經常為此著迷。」

賭博的研究也是如此，他們努力讓娛樂之都成為更令人感到開心的地方，或許這正是他們所追求的美式待客之道吧。

weird research

Part2

場所改變，研究也跟著改變

祖先居住的海之國

——水下考古學（澳洲）

在還沒有汽車的過去，如果問人類會遇上什麼交通事故，那就是船難了。常言道：「人類在學會如何種出農作物以前，就已經了解船隻製作方法與航海技術了。」全世界的海底初步估計至少也有三百萬艘沉沒的船隻在底下沉眠。調查包含沉船在內的水中遺跡，便是水下考古學的工作內容。歷代發現的案例之一，就是被稱為水下考古學之父的喬治．巴斯博士，從應該是在拜訪圖坦卡門後、踏上回程的沉船中找到了金銀珠寶，讓我們了解西元前十四世紀前後的貿易情況。另外，英國也找到了一五四五年沉沒的英國艦隊軍艦瑪麗玫瑰號，除了當時軍艦上使用的大砲、槍砲及弓箭等武器以外，也回收了人骨，成為解析都鐸王朝時代生活的線索。而日本也在長崎海底找到了元朝派軍侵略時的船隻，分析船錨、從錨延伸至船身的繩索位置，成功推測出擊退元軍的神風行進路線。

除了沈船以外，水下考古學的調查還包含了希臘神話中出現的古希臘都市赫拉克利翁（又稱索尼斯）、以色列的古代村落亞特里亞姆（Atlit-Yam）、沉沒至海底的都市挖掘、第一次及第二次世界大戰中沉沒的戰鬥機等。

雖然水下考古學給人一種浪漫感，但是澳洲弗林德斯大學的副教授強納生·班傑明博士表示，對於美國、加拿大、南非、澳洲、紐西蘭等過去被西歐各國作為殖民地開發的國家來說，水下考古學如今還蘊藏著成為社會意識轉換推手的可能性。

會這麼說是由於這些地區現在仍殘留殖民主義所造成的傷痕，原住民權利及貧困是相當大的社會問題。近年來，北美及澳洲的學術界還有一部分的企業提出「領土確認」（Land Acknowledgement），在大型學會或講座開場時的致辭也會先表示「希望大家能夠再次認知到一件事情，現在我們舉辦活動的這個場所，原先是○○族的土地。」這樣的努力或許能夠稍微提高一般社會的意識，但仍然無法保證實際上能夠改善原住民的福祉。

另一方面，調查那些遭到淹沒的原住民生活場所，除了能夠幫助大家更為深入理解原住民歷史以外，水下開發企劃也能夠保護原住民的遺物。畢竟原住民族祖先所居住的遺跡，應該就像沈船一樣成堆沉眠在水下。

班傑明副教授表示，「當然，在發現大量沉船的國家調查沉船非常棒，然而水下考古學所能夠調查的遺跡種類應該是更加多樣化的才對。冰河期的海面高度遠比現在低上許多，因此全世界的陸棚應該都曾經有人居住。就算是現在水深十公尺、二十公尺，不、甚至是八十公尺處的海底，在那幾萬年內都有人生活、工作、死去。大多數遺跡可能都已經被海洋破壞掉了，但我認為應該還留有幾千個遺跡才是。日本也是，雖然與中國之間是廣闊的海洋，但那裡過去曾經是陸橋，我認為也蘊含著科學性、文化性知識的龐大潛力。」

必須潛水！⋯⋯沒那回事

水下考古學目前算是比較冷門的學問，不過班傑明副教授認為包含水下考古學在內，考古學領域本身的規模正在成長。除了社會對於文化遺產的管理更加關注以外，環境諮詢以及基礎建設開發等也都需要考古學性質的調查，因此會需要具備專業知識的人才。提到會在水下進行的工作，則包含水下的空間計畫、水下資訊通訊網整備、石油及天然氣管線建設、港口及碼頭建設、離岸風力發電的設置等等都相當活躍。

就連在其他國家，能夠取得水下考古學學位的大學也是相當少見。有提供能夠取得學位的教育課程的，主要是知名教授曾任職的大學、還有埃及或以色列等在海中發現遺跡的國家，其研究所會有相關課程。

弗林德斯大學的課程當中，雖然會學習水下考古學的歷史以及調查方法，不過也可以選修取得科學潛水員的證照。所謂科學潛水員，就是為了進行學術調查而潛水的人。這個職業需要學習在水下進行溝通的方法、將遺跡進行3D影像化的攝影機器的使用方法、吸取遺跡沉積泥巴的巨大管線機器的操作方法等。順帶一提，為了調查而潛入海中的科學潛水員與娛樂性質的潛水不同，並不一定能夠在美麗的海洋中泅泳。就算是視線惡劣、各種奇怪垃圾漂來漂去的水域也一樣，畢竟是有需要調查的東西才會潛下去的地方。

在淺灘尋找石器的潛水員
（照片提供：Jerem Leach, DHSC Project , Flinders University）

有許多大學的水下考古學課程當中提供潛水授課與實習，弗林德斯大學也有大半的學生都取得了科學潛水員的證照。然而現況是在每個國家的證照條件不太相同，就跟駕照一樣並沒有整合為各國通用可相互替換的制度。一提到水下考古學者，大部分的人都會聯想到他們在潛水，但其實也有完全不潛水的水下考古學者。班傑明副教授表示，「潛入海中找到遺跡當然是水下考古學的醍醐味之一，然而需要水下考古學專業的並不是只有在那種地方。也必須要坐在辦公桌前花費長久歲月打造制度、撰寫符合規定的報告等等。就連前往遺跡進行調查的時候，也有人是一直在船上進行分析，完全沒有下過水的。」

被淹沒的生活之處

班傑明副教授的專業是史前的水中遺跡。北半球雖然已經在英國與丹麥之間的北海找到尼安德塔人的遺跡、法國的水下洞窟也已經發現石器時代的壁畫等，但是在南半球完全沒有找出半個這類型的遺跡。從前以歐洲作為據點的班傑明副教授在來到澳洲後認為，這裡應該會有被淹沒的澳洲原住民遺跡才對。

最接近現代的一次冰河期，那時候澳洲的陸地面積比現在大了三〇％。而最初有人類踏上澳洲土地是在距今約六萬五千年前。當時的海平面比現在低了大約一百公尺，從東南亞經由海路來到此地的人類，首先抵達的地方應該是現在已經沉沒於水中的陸棚，因此好幾個世代的澳洲原住民居住的沿岸地區，如今應該沉沒在海底。因此他們於二〇一七年起開始進行調查。調查團將目標縮小到西澳丹皮爾群島，花費兩年時間從上空釋放雷射、從船隻放出超音波，然後使用這些數據將海底影像化為圖片，繼續縮小目標場所。到了二〇一九年才開始潛水尋找，並在位於海底的淡水泉附近找到了石器。調查團推斷這是八千五百年前的東西。在其他場所也找到了應該是七千年前左右的石器，整個企劃團隊找到大約三百件石器。

此企劃團隊與西澳的澳洲原住民團體穆魯朱加原住民聯合組織（Murujuga Aboriginal Corporation）合作進行，澳洲原住民將海洋稱為「海之國」，他們認為海洋有自己的地形以及當下生長在那裡的生物、過去生長的生物、水中的季節更迭等，是相當複雜的存在。要在海之國研究，調查團必須取得澳洲原住民遺跡的許可，並報告調查有何等進展，就連在找到遺物要把樣品拿出來的時候，能否放在大學進行保管、還是要放回原處等，都需要雙方進行商談才能繼續下一步。

雙方合作中還曾發生過這樣的事情。那次是企劃成員西澳大學的米克・奧利亞里博士前去向澳洲原住民的長老們發表研究成果。一提到發現了淡水泉，九十幾歲的長老便忽然興奮了起來。之後詢問情況，才知道原來他們祖先代代流傳下來的歌曲當中，就有提到那個地形。在澳洲原住民的文化當中，要告訴大家地形的相對位置的時候不是製作地圖，而是譜成歌曲吟唱。他們會唱誦著河流、泉水等能夠作為記號的地形，然後代代相傳。這次提到的那首歌曲，歌詞當中有一半都是現在還在地面上的地形，但剩下的一半包含稍早提到的淡水泉等，都是目前已經找不到的地形。評估淡水泉沉進海中的時期可以得知，這首歌至少已經傳唱了一萬年。

走在進化路上的水下考古學

班傑明副教授表示，水下考古學目前正可說是處於轉換期。

「過往水下考古學就跟陸地上的考古學一樣，不免有些美化殖民主義之處。因為過去在世界各地發現了推動殖民化時使用的船隻或奴隸船，也都只會被讚揚為珍貴的發現。今後負責水下考古學的新世代研究者們，必須要將這個領域從殖民主義的影響當中解放出來，同時必須慎重評估解放的方式。

在歐洲以及日本大概比較感受不到殖民主義的影響，但是北美、澳洲還有南非等地，如今在社會上仍然有相當根深柢固的殖民主義痕跡。包含這個企劃小組在內，今後的水下考古學應該要去除社會性的負面文化遺產，又或者至少加以減輕才對。」

今後若是持續調查下去，便有可能更加深入理解人類抵達澳洲時發生的事情。而當下的課題，就是如何有效在廣大的海洋當中尋找遺跡。同在弗林德斯大學進行研究的約翰．馬卡西博士目前正在讓人工智慧學習遺跡容易具備的特徵，嘗試開發能夠更有效找到遺跡的預測模組。他是目前快速發展的數位考古學專家，目標是將最尖端的數位技術應用在水下調查當中。

在過去的十～十五年內，將各種位置及角度拍攝的物體資料整合為3D模組的攝影測量法技術，以及使用3D資料來分析海底的技術都有長足進步。因此已經能夠大幅節省時間，需要潛水的時候也可以用簡單易懂的鳥瞰圖觀點來進行分析。馬卡西博士的人工智慧架構是在使用高解析度的海底攝影測量調查之後，使用演算法來推測並過濾出最有可能找到遺跡的地點。以前經常有潛水員下水以後也難以找到遺跡或遺物的情況，不過這個技術如果能夠更加發達的話，就可以在事前以更高的精密度來篩選出候補地點，可望大幅縮減找到遺跡的時間。

有辦法保護水下遺跡嗎？

班傑明副教授表示，沉眠在海之國的遺跡很有可能會因為石油建設及管線開發、港口建設、海底疏浚、採礦廢棄物之拋棄、大規模漁業等而有遭到破壞的危險。二〇〇九年時聯合國教科文組織已經發起保護在水下已經一百年以上的遺跡為主的《水下文化遺產保護公約》，但是澳洲並未批准（順帶一提日本也沒有加入該條約）。另外，澳洲有自動保護在水下七十五年以上沉沒船隻的條例，但是像這次找到的澳洲原住民的水下遺跡等，就必須每次都向政府單位取得保護許可，立場上是比沉船還要不受保障的。

另外，還有很多原住民權利及保護繼承物品等課題，不過班傑明副教授說風向已經逐漸轉變。「二〇二〇年發生了力拓集團打算持續開採資源，因此破壞澳洲原住民聖地尤坎峽谷的事件。先前澳洲原住民就已經抗議過了，但是力拓集團卻堅持他們有合法取得開採許可。然而包含股東在內，有許多人因為這件事情對他們大感失望，最後就連當時的執行長也不得不引咎辭職。

對於開發事業來說，保護文化遺產這件事情實在是相當大的阻礙，然而社會普遍對於原住民權利的意識開始有所改變，因此企業要繼續開發下去，除了在法律上必須取得許可以外，也開始試著尊重澳洲原住民的意見。雖然目前還殘留著殖民主義的陰影，仍有很長一段路要走，但我希望我們能夠透過研究來對脫離殖民化有所貢獻。」

水下文化遺產若能夠消滅社會性的負面文化遺產，那才是真正的浪漫。

天氣太冷，東西就容易壞
——北極圈工程（芬蘭）

氣溫若是降到一定溫度以下，人類身體上各處的毛髮都會凍結。想來曾在北海道或東北地區過冬的人肯定會點頭稱是。別說是從帽子縫隙間探出的頭髮了，就連眼睫毛和鼻毛幾乎都會結冰。

寒冷地區的氣候對於人類來說非常嚴苛，而且對於使用近代技術製作的東西而言更加殘酷。電器產品就算充電也會馬上就沒電，汽車電池也是一個不小心就消耗殆盡。打造建築物的時候必須要特別琢磨考量的地方更是多如山高。除了冬季結冰路面的維護、建築物的暖氣結構等，低溫下混凝土能夠維持多大強度多久呢？含有水分的土壤在冬季會結冰，必須先估算地盤的體積會增加多少，思考要將建築物的地基設置到多深的地方才好。人們不斷累積必須將這些事情都評估一番才能進行的寒冷地帶工程知識，托此之福人們在北方大地也能夠過著近代生活。

要在遠離人類居住場所的地方進行基礎建設也是如此，比方說靠著石化燃料獲得利潤的俄羅斯或挪威，在他們厚度一百～一百五十公尺的永凍土下蘊藏著石油和天然氣。向地下開挖的時候，每一百公尺，地裡的溫度就會上升三℃，因此若是挖掘非常深的地方，石油的溫度甚至會超過一百℃。若是透過挖礦用的豎井將東西拉到地上來，那麼豎井周邊的永凍土也會跟著融化。根據俄羅斯的斯科爾科沃科學技術大學研究者發表的研究報告指出，持續採礦三十年的豎井周遭半徑十公尺的永凍土早已融化，非常有可能引起地層下陷，結果導致豎井崩毀造成石油外流。而正確預測永凍土與豎井間發生的熱能交換，應該就能夠防止意外發生。

在滿是冰塊的海上航行

以芬蘭的狀況來說，過去一直都採用各種方法避免船隻被海上的冰塊破壞。芬蘭情況非常特殊，國內所有的港口在冬季都會凍結，可以說在北歐各國當中只有芬蘭會發生這種情況。對於貿易的主要管道必須經由海上的芬蘭來說，到一八七〇年前後都是一進入冬季就幾乎被迫宣告「今年營業到此結束」一樣，進入經濟停滯的狀態。

當時的政府為了改變這一點而有所行動。他們為了要讓幾個主要港口在冬季也能讓船開進來，準備了能夠打破冰層的破冰船。將漂滿冰塊的港口整治到使船隻在冬季也能夠往來之後，產業界要投資芬蘭北部的事業也比較容易。當時會採用高價且具備最尖端技術的破冰船，也是因為菁英階層想要讓「芬蘭是個近代技術先進國家」的印象在國內外更加普及。這樣一來總算在冬季也能夠進行貿易，到了一九七一年時，芬蘭所有主要港口終於一年四季維持開港。現在一整年從瑞典斯德哥爾摩都有開往芬蘭的定期航班，另外也開通了前往愛沙尼亞的塔林航線、還有北邊前往瑞典的路線。芬蘭的進出口貨品有接近九成都是透過這些路線經由海運運輸的。

在滿是冰塊的海上航行，最重要的就是應付冰雪承重。此處的冰雪承重指的是冰塊撞擊船隻的時候，會給船隻帶來多大的衝擊。芬蘭的阿爾托大學教授尤卡・圖克里博士的說明如下：「冬季在北極圈的海中航行等於就是有大型榔頭一直敲打船身那種感覺。冰塊衝撞會對小面積造成相當大的壓力。為了要承受此種衝擊，在冬季海上航海的船隻，其船體會比航行於普通海洋上的船隻使用厚上許多的鋼板來製造。」

要在冬季海洋中航行的商船，有些可以自己敲碎冰塊前行，也有一些貨船雖然本身有承受海上浮冰最低強度，但還是需要破冰船幫忙，才能夠進入港口。芬蘭和瑞典當局則根據船隻能力，將船隻進行「耐冰等級」（冰級）劃分，在嚴寒冬季二月的時候，只會讓具備真正耐冰能力的船隻入港。圖克里博士說明，「在經營港口這方面，船隻交通平順乃是非常重要的事，數量有限的碎冰船實在是不可能特地去幫忙單獨一艘性能較差的船隻。從安全面上來考量也是一樣，之後很可能會陷入危險的船隻，不如一開始就不要讓它入港。」

北歐才有的實驗場地

圖克里博士是研究這類冰雪承重以及冰塊破裂方式的冰的力學專家。他在大學進行實驗，經常調查北極圈的斯瓦巴群島及南極海洋的冰。

能夠在大學做實驗、進行冰的基礎研究，是因為阿爾托大學有個巨大的水槽。這個被稱為蓄冰槽的設施就像是一座長寬四十公尺的巨大室內游泳池，能夠根據需要的寒冷程度設定溫度，讓裡面結冰。製作的冰塊也可以根據實驗用途來調整需要的厚度及強度。在能夠做冰塊實驗的設施當中，這裡是全世界最大的。

蓄冰槽一開始是在一九七〇年代時，為了調查船隻耐航性能而建設的水槽。為了調查船隻模型的轉彎方式，所以設計成能讓船隻畫圓移動。其實是到了八〇年代以後才轉變為蓄冰槽的。圖克里博士表示，「八〇年代吹起了一股『北極旋風』，由於七〇年代石油危機期間，中東的石油價格暴漲，因此大家的目光轉移到沉眠在北極圈裡的石油。在北極挖石油實在是相當耗費成本，但在石油價格已經高漲到那種情況下，在北極開採石油也變得是相當穩妥的生意了。縱貫阿拉斯加的原油管線阿拉斯加輸油管也是在那個時期建設的。所以全世界都對於北極圈內的基礎建設提起了興趣，趁此機會就改造成能夠結冰的水槽了。」到了二〇一〇年左右整修過後，除了冰以外也能夠打造出波浪。為了重現海水而加入鹽分的話會逐漸腐蝕，因此使用的是淡水，能夠完全正確呈現出湖泊、河流的冰，還有鹽分較低的波羅的海上頭的冰。

靠著使用蓄冰槽研究，二〇二一年圖克里博士的研究小組發表了相當值得玩味的研究成果。冰有所謂的溫冰和冷冰，而且它們的碎裂方式不同。在實驗中，圖克里博

阿爾托大學的蓄冰槽。因爲非常冷，如果想要會同實驗，一定要穿外套（照片提供：Aalto University）

士等人將冰的溫度保持在〇・三℃，使用蓄冰槽打造出許多厚三十公分、長寬為三公尺×六公尺的冰片。讓這些冰片橫直移動、互相撞擊，然後調查它們的碎裂方式。只要使用蓄冰槽的設備，就可以用微米單位來分析其斷面。

「在過去關於冰的碎裂方式，幾乎只能在零下十℃上下的溫度、使用長度僅有十~二十公分左右大小的冰來進行研究。寒冷的冰塊破裂斷面非常不平均，如果以假設撞到船隻的力道施加在上面，壓力就會被集中在斷面上幾個小點。這些點被我們稱為熱點，而熱點愈小的話就會承受愈大的壓力。另一方面，這次我們使用零下〇・三℃的溫冰來調查破裂方式。溫冰的斷面相當和緩，如果對斷面施加力道，在比較大的面積下承受的壓力也比較弱。」一這件事情說明了什麼呢？其實圖克里博士也還沒有弄清楚這一點。

「力量就是壓力×面積。這次我們理解到溫度變化以後，壓力和面積也都會跟著變化，如果將冰升溫以後，壓力就會減少，但是受力面積會變大。但是因此對船體所施加的力量究竟是增是減，我們還不明白。為了要能夠找到發生這類現象的理由，還需要繼續研究。」

第二次北極旋風

不知該說是幸或不幸，圖克里博士說，由於地球暖化對北極圈帶來的謎題實在多不勝數，因此目前關於北極圈的研究可說是前所未有的大流行。

他表示，「這可以說是第二次北極旋風吧。我對於自己的研究是非常有興趣，因此周遭的研究或者活動變得熱烈、有許多學生來這裡就學然後畢業，我是非常高興的。然而這件事情的契機卻是由於發生了地球暖化，這點實在讓我感到非常遺憾，身為地球的居民之一不免有些退卻之心。」

在新風潮中相當興盛的研究之一，就是離岸風力發電廠的研究。然而設置於離岸處的風力發電機，可以承受多少來自冰的力量及壓力尚未有人理解，因此現況就是幾乎大部分的離岸發電廠都建設在預估不太可能會接觸到冰的場所。

圖克里博士表示，「如果今後想要更加活用風力發電，那麼就更需要活用海洋。在波羅的海這片海域，水深超過十公尺以上，冰就會開始移動，不過冰一旦移動，就表示會撞到離岸風力發電廠。風力發電機的形狀細細長長的，要是有冰撞了上去，那麼就會開始搖晃。這個震動會造成的影響，就是要在飄滿冰塊的海上進行風力發電前需要擔心的事。」

為了詳細調查震動的性質，就要使用蓄冰槽進行實驗。那是使用三十分之一小型模型進行的實驗。除了發電機本身的大小以外，冰塊的各種要素也必須跟著縮小。使用小型模型進行的實驗中，不僅測試發電機也一併測試了船隻，冰塊也打薄到三公分或六公分左右。除了調整厚度外，為了重現破裂方式，也必須要降低強度，而這樣打造出來的脆弱薄冰，相較於硬冰更像是雪酪的質感。

在此實驗中得知，冰對發電機造成的震動，和過去燈塔或開採石油的基礎建設所遇上的震動是完全不同性質的情況，據說發電機承受來自冰的負重，相當於十六台飛機引擎的推力。圖克里博士說：「風力發電機必須要能夠安全立足幾十年，這樣的震動對於風力發電機會造成什麼樣的風險、必須要如何加強結構等，目前有其他小組正在使用蓄冰槽進行調查。」

另外，冰和波浪的相關性研究，目前大家也認同有其必要。在那古老美好時代的海洋，有波浪但冰塊少的開放性水面，也有堅硬無比因而可以滑雪或讓雪地摩托車奔馳的多年冰區，而其交界處便稱為邊緣冰區（marginal ice zone, MIZ），是非常狹窄的區域。ＭＩＺ這個區域當中有波浪也有冰，而波浪會對冰的樣貌及性質造成影響，冰也會對波浪造成影響。先前由於這個地區實在過於狹窄，因此由工程觀點來看並不是非常重要的地方，然而隨著地球暖化，ＭＩＺ也開始擴大了。

「如今我們從工程觀點來看，還不太能理解冰與波浪結合所帶來的影響。將冰與波浪結合在一起，會對船隻造成什麼樣的冰雪承重、在波浪中載浮載沉的冰塊又會對船隻造成什麼樣的風險？這些事情我們都還彷彿身處五里霧中。」

為了調查冰與波浪的相互作用，阿爾托大學打算為蓄冰槽引進更加精密的造浪裝置。這樣一來，就能夠進行各式各樣波浪與冰的實驗。

地球對於居住在極地的人類相當嚴苛，但若人類對地球不夠溫柔，那麼等待我們的想必是更加難以理解的未來。在大事發生以前，還是希望能夠先解析出新常態（new normal）的法則啊。

打造肥沃沙漠的意義

——沙漠農業（沙烏地阿拉伯）

沙烏地阿拉伯是個對於農業來說最糟糕的地方，不是只有非常炎熱又水源不足的問題，就連土壤的品質都非常糟糕。由於植物難以生長，導致能夠左右土壤生產性的有機物層也幾乎無法形成。就算是難得下了雨，土壤中殷殷期盼水源到來的微生物也馬上就會把有機物分解掉。

近代以前，取代農作物支撐人們飲食生活的是駱駝、羊或山羊這類家畜動物。他們一直都是取用動物的奶、吃動物的肉維生。然而因為這些有蹄動物幾千年來在沙烏地阿拉伯的土壤上奔馳、持續啃咬草兒，結果植被又被削減的更加嚴重，土壤也變得愈來愈不適合農業。

如此悲慘的農地在一九七〇年前後發生了奇蹟，在發現大量地下水以後，國家許可地主們可以自由汲取地下水使用。靠著用之不竭的水和金錢的力量，在這荒蕪的沙漠上曾有段時間成為世界上數一數二的小麥生產地。現在從空中俯瞰沙烏地阿拉伯，也能夠看見那一片紅棕色的沙漠風景中，出現了一點一點的綠色圓形。簡直就像是看到火星上的實驗基地。

沙烏地阿拉伯除了降水量低以外，也完全沒有河川或湖泊，因此農業灌溉只能依靠地下水。然而沙烏地阿拉伯的地下水是冰河期時累積在那裡的水，和其他地區可以靠著雨水補充儲存量的地下水層不同，一旦用完就真的沒有了。而且由於地球暖化，原先就很嚴苛的氣候又更加混亂。為了這片最糟糕農地的未來，沙烏地阿拉伯的研究機關以阿布都拉國王科技大學（ＫＡＵＳＴ）為首，研究者們正試圖從各種切入點來為新時代的沙漠農業找到出路。

讓荒蕪地帶肥沃的方法

要讓沙漠使用更少的資源就得到更大的收成量，有幾種方法。首先是分析出能夠在沙漠中生長的那些為數不多的植物是如何在這嚴苛環境中生存，進行品種改良或加強耐性，藉此提高收成。

在發現地下水以前，沙烏地阿拉伯幾乎沒有進行農作物栽培，少數的例外是椰棗、秋葵、芝麻、鷹嘴豆，這些作物在沙漠也長得很好。尤其是椰棗樹的果實椰棗更是相當有名的特產，經常能在土產店看到。

植物要在沙漠好好生長需要各式各樣的條件，當中最為重要的便是耐熱性，而這是椰棗樹的拿手項目。椰棗樹生長在綠洲，會吸取大量水分使其蒸發，藉此冷卻自己的身體。但是它的生長非常緩慢，甚至有人說「種下椰棗樹種子的人，無法吃到那棵樹的果實」。KAUST正在進行各種嘗試，比如改變基因、使用代謝產物或者是微生物來加速其生長。

有效活用水資源也是重要課題。為了不讓水從土壤中蒸發掉，推動開發的是進行過超防水加工的沙子。將沙漠中到處都有的沙子使用原油淬鍊出的石蠟包覆起來，並將這種沙子覆蓋在潮濕土壤上約五～十公厘形成沙層，藉此來防止水分蒸發。這就跟日本田地也常看到覆蓋在土壤上的黑色塑膠布有著相同的功效。另外也結合衛星、無人機與人工智慧，繼續研究目前仍未限制使用的地下水消耗的詳細情況。無人機會測量田地中作物葉綠素的量以及水分是否過多或不足，然後與衛星每天傳送的影像資料比對，就能夠推測每塊農地使用的水量。在這些努力下，目前已經得知沙烏地阿拉伯農業中使用的地下水，是他們將海水轉化為淡水能得到的水量的十倍以上。因此目標是讓人民付費使用農業用水，藉此希望能夠對保全貴重水源有所幫助。

除了有效活用現在擁有的水源以外，ＫＡＵＳＴ沙漠農業中心的副所長馬克・泰斯塔教授等人也為了能將「品質不良」的水使用在農業上而長年進行相關研究。這裡所謂的品質不良，指的是帶有鹽分。農業需要使用淡水，而全世界的淡水有七〇％大量消費在農業灌溉上。另一方面，估據地球水源九六％的其實是海水以及沿海地區的鹹水。如果能夠「解放」鹹水，那麼在淡水稀少的沙漠地帶也能夠進行農業。說起來其實要養育目前持續增加的人口，也需要更加大量的水，因此若能夠使用海水，也可以幫淡水枯竭一事踩個剎車。雖然也可以把經過海水淡化的水使用在農業上，但要將農業中的大量用水都進行海水淡化的話，成本實在太高了。當然也可以考慮直接使用海水，但不知道開發出能夠耐住那樣濃烈鹽分的農作物需要耗費多少年功夫。為了盡快活用海水，目前期望的目標是將農業用的海水淡化到一半的程度，然後栽培那些在混了些許鹽分的水當中也能好好生長的作物。

植物的控鹽生活

植物和人類一樣，為了生存下去需要少量的鹽分，但若攝取過剩就對身體有害了。鹽分會阻礙植物根部吸收水分和礦物質，也會妨礙植物體內打造養分的流程。耐鹽性比較強的植物，通常具備不會從根部吸收鹽分的構造，又或者是能夠將鹽分鎖在細胞特定場所，也可能是葉片表面有排出鹽分的構造。

泰斯塔博士在找到耐鹽分強的植物以後，將鹽分耐性的架構解析到分子等級，並且尋找出與該結構相關的遺傳基因，對於提升農作物耐鹽性一直以來有相當大的貢獻。泰斯塔博士為了提高目前栽培的農作物的耐鹽性，因此參考耐鹽性強的植物遺傳基因，試著應用來改良小麥、大麥以及番茄。

將耐鹽性高但還未使用在農業當中的植物轉變為可栽培品種，也是使用海水來進行農業的方法之一。比方說南美有農家手工栽培的藜麥，即使在鹽分高的土壤中也能夠自由快樂生長，不過要以大規模農業來栽種的話，它們實在是長太高了[1]。泰斯塔博士在二〇一七年分析出藜麥的基因結構，目標是開發出能夠在大規模農場栽培的迷你尺寸藜麥。另外在ＫＡＵＳＴ其他研究室當中，也找到了耐鹽強的禾本科植物，正在嘗試將其化為可栽種的品種。目前該植物從單一植株上面能取下的米粒量實在太少了。

支撐十億人的潛力

我試著將天真無比的問題丟給了泰斯塔博士。堅持在條件如此惡劣的沙漠當中進行農業，有意義嗎？

我會這麼問，是因為他這麼說了。具有相當耐旱程度的椰棗樹在中東一直都被當成非常重要的糧食來源培育，但其實為了結出一個椰棗果實，就要用掉五十公升的水。大量消耗水資源這件事在其他作物上也非常明顯。以番茄來說，栽種在乾燥地區的番茄大約一公斤就要用掉三百五十公升的水。番茄一公斤大概是日本L尺寸[2]的番茄四顆左右。它們在超市裡就那樣普普通通地被放在貨架上，讓人一點都感受不到有什麼特別，因此這數值更加令人感到錯愕。即使如此，包含沙烏地阿拉伯在內，一樣乾燥的以色列、巴勒斯坦部分地區，還有澳洲或美國的沙漠地帶也都有人進行農業。

對此，泰斯塔博士表示，並非將所有農作物都拿到沙漠栽培，而是傾力於那些在沙漠有其經濟價值的東西，那麼意義就相當明確了。

「我們絕對不能忘記的就是全世界的沙漠地帶居住了十億人口。也許居住在歐美各國或日本那種先進國家的人很難理解，不過有這麼多人居住在沙漠地帶，就表示在沙漠當中能夠培育出新鮮蔬菜水果絕對是非常有意義的事情。」

我們主要消費的植物性食物，是小麥、稻米和根莖類等澱粉；油菜、橄欖或向日葵萃取出的油脂；以及水果和蔬菜等新鮮蔬果這三大類。作為澱粉主要來源的小麥因為非常耐放，所以會被當成商品、塞到船上運往全世界。一艘船可以載運足以長期養育大量人口的小麥份量，並且能夠以較低的二氧化碳排放量、較便宜的價格，長距離且長時間的方式來運送。油也是一樣，算是比較耐放的食物。

1 品種或有不同，但藜麥可長到三公尺高。
2 約200-250g。

另一方面，新鮮蔬果則完全相反，根本不可能從能夠輕鬆栽培新鮮蔬果的地方花費幾個月用船運送出來。因此會用飛機來載貨，但這樣一來二氧化碳排放量和成本都會增加。更何況還要考慮到必須冷藏的問題，因此新鮮蔬果的運送成本非常高。即使在沙漠栽培新鮮蔬果的成本或許比空運蔬果還要更高一點，但至少在沙漠裡栽培的話至少能削減部分成本以及二氧化碳排放量。

現階段沙烏地阿拉伯的食物有九成依賴進口，尤其是國內的新鮮蔬果栽培量相當低，因此除了進口食品以外，也在其他國家購買農地以確保新鮮蔬果的供給。泰斯塔博士表示，應該要更加致力於在本地種植價值高的新鮮蔬果，然後減少從國外進口成本較低的小麥的種植比例，藉此分散進口來源。「沙烏地阿拉伯的政府也相當清楚淡水資源有多麼貴重。但是他們目前面臨的就是政治上的現實，還有來自各行各業的壓力也必須要取得均衡。為此目前仍然是致力於生產小麥，不過我認為沙烏地阿拉伯目前以國家整體來說，是朝向正確且重要的方向前進。」

紅海公司的溫室（照片提供：紅海）

沙漠農業走到盡頭了？

泰斯塔博士先前就透過提高植物耐鹽性而對沙漠農業相當有貢獻，然而他感受到的是今後與其在沙漠進行農業，其實不如在能夠控制條件的溫室當中栽培新鮮蔬果，或許更有潛力。他表示，「室外的環境實在是過於嚴苛。而且氣候變動愈發急遽，環境對於農業來說只會愈來愈不利。因此我想應該要改變施行農業的環境，雖然我們是以『沙漠農業』之名進行研究，但其實正在試著脫離『畢竟這裡是沙漠』的想法。」

泰斯塔博士與KAUST其他研究者合作，建構出超高科技的溫室。這個系統使用太陽能發電來供應電力，以鹹水來為溫室冷卻，並且作為農作物水源。在溫室當中培育的農作物，目前也在泰斯塔博士的研究室當中進行最佳化。泰斯塔博士與幾位KAUST的研究者為了確立使用鹽水的溫室農業，設立了名為紅海的新創公司。自從二〇一八年設立以來就快速成長，成功從中東地區國家及美國企業募集到大量資金。目前已經發表的成果是，在這間溫室裡栽培的農作物，一公斤作物能夠減少用水三百公升。

「我認為高科技農業相當適合沙烏地阿拉伯，畢竟這裡有著世界上數一數二的資金和資源。只要有充分的資本支出，應該就能夠在這裡建造出可以養育全體國民的溫室數量。

而且還能夠培育出一個新的業界。像是經營溫室農業的人以及維修相關人員就能夠增加雇用，同時也需要製作用來包覆溫室的塑膠蓋的企業。塑膠能夠從石油中打造出來，而沙烏地阿拉伯是全世界最多石油的國家，所以應該比其他國家更有潛力可以生產巨大塑膠溫室才是。就像是荷蘭西部有相當大的園藝產業，沙烏地阿拉伯肯定有著發展使用溫室栽培的農業產業的潛力。」泰斯塔博士如此說道。

紅海公司的溫室栽種了小黃瓜、青椒等好幾種農作物，不過目前主力作物是番茄。這是由於世界上有番茄需求，而且番茄原先耐熱性就比較強、耐鹽性也還行，以農作物來說就算是在不太理想的環境中也能夠指望有一定的收成量，以投資來說利益率比較高，而且番茄可以用接枝栽培。泰斯塔博士等人進行基因研究，讓那些使用含有鹽分的水灌溉也能夠長出良好根部的番茄，結合口味好且收成量高的番茄來進行栽培。目前已經開始出貨到超市，據說消費者頗為喜愛其酸甜滋味。泰斯塔博士說：「番茄這種植物本身承受壓力，就會累積糖分在果實內，所以使用鹽水反而更甜。」目前的問題大概是皮厚了點，不過這樣一來，運送的時候反而不容易受損，所以倒也能算是一項優點。

氣候變動除了影響乾燥地帶以外，也對世界上各處農地都造成打擊。但是為了要因應持續增加的糧食需求，泰斯塔博士深信將來全世界都會需要能夠控制環境的室內農業。泰斯塔博士說：「為了跨越炎熱及土壤惡劣的限制，對沙烏地阿拉伯來說溫室是相當有效的做法，而且也還有其他許多優點。這樣可以防止疾病傳染及害蟲繁殖，也能夠防止菌類、微生物、動物還有強風等造成農作物的損失。」或許將來有一天這種起源自沙漠的農業型態，也會在其他地區成為主流。

weird research

Part3

各有千秋，為地方量身打造的研究

只要合法，在大學當然也能教導大麻學問

——大麻的化學分析（美國．密西根州）

北美的大學城裡，似乎飄盪著些許臭鼬的味道。

這並不是因為學生們養了臭鼬，那個臭味的真面目是大麻。

日本在世界上算是對大麻取締相當嚴格的國家，原則上禁止大麻的栽培、持有、接收及讓渡。也有些國家認可大麻僅限使用於醫療目的，但日本完全不許可任何人使用以大麻製造的醫療藥品[1]。

另一方面，在美國卻掀起了大麻合法化的風潮。雖然還不是全國許可所有的使用方式，但美國是由各州制定自己的法律，而允許使用大麻的州也與年俱增。最初是一九九六年加州允許將大麻使用在醫療目的上，之後慢慢地已經有過半數的州也認可將大麻使用在醫療用途。而到了二〇一二年科羅拉多州允許將大麻作為娛樂使用以後

大約十年內，就有將近四成的州允許將大麻使用在娛樂目的上。簡單來說，目前就算國家說不行，但州卻說沒問題，維持在一種矛盾狀態。關於是否應該允許使用大麻這方面是相當重大的政治議題，也是能夠了解美國社會分裂的案例之一。

在這樣的時代潮流下，全美到處都有大學開始設立教導大麻科學和商業的學科。有些在修完課程以後只會發行類似學習證明之類的文件，但也有些是能夠拿到學士或碩士學位的課程。當中率先將重點擺在大麻方面設立專攻學科的便是北密西根大學。密西根州在二〇〇八年時許可在醫療方面使用大麻，到了二〇一八年時也許可將大麻使用在娛樂上。此課程是從二〇一七年開始為了培養如今急遽成長的大麻業界需要的人才而設立的，也把培育大麻植物本身作為教育的一環。

此學科的發起人是在北密西根大學教導化學的布蘭登·坎菲爾德博士。他說：「到現在我還是很驚訝竟然能夠成功設立此學科。雖然已經設立幾年了，不過每次經

1　大麻在台灣被列為「第二級毒品」，禁止任何用途的製造、運輸、販賣、使用、持有。

過實驗室前面就飄來濃郁的大麻香氣，依然會讓我感到驚訝。甚至大麻開花的時候，整棟建築物都充滿了大麻的氣味呢。」隨著美國各地法規修正，目前大麻的研究和教育也正在普及中。

理所當然沒有專家

北密西根大學的學士課程是命名為「藥用植物化學系」，坎菲爾德博士會設立此學科，是由於他前去參加化學相關的學會時，知道了大麻業界非常欠缺具備化學專業知識的技術人員。

在娛樂用大麻使用合法的州當中，會制定一些用來檢查大麻商品中有效成分含量、是否含有毒物質等規範。然而目前美國各州都表示「其實還搞不清楚應該要怎麼做」，所以三天兩頭就在修改規定。借用坎菲爾德博士的說法，目前雖然大麻合法化是時代潮流，然而這股風潮來的太過突然，導致各州都昏頭昏腦不斷在錯誤中嘗試。

坎菲爾德博士同時也表明，大麻業界在各州當中成長得過於快速，因此一些基礎根本就還不完善。最為明顯的就是娛樂用商品的成分檢查項目。「大家很容易將注意力放在大麻的培育方式、為了加入食品而需要什麼樣的加工方法等，明明檢查方法非常重要卻很容易遭到忽視，完全是走一步算一步。目前就是些沒有接受專業教育、沒能好好理解檢查機器使用方法的人，盡可能去使用機器來進行檢查。」

如果是曾經在高等教育機關學習過化學物質分析方法的人，應該都能夠執行大麻檢查才是。若是能夠打造一個專攻大麻的學科，同時也在技術方面徹底教學其他化學領域的內容，那麼就能夠培養出在大麻業界大為活躍的化學專家了。

沉浸在化學裡的學生生活

雖然說是專攻大麻，實際上學習的內容完全就是化學。除了大麻以外，植物之中的化學成分種類及含量、從植物萃取出特定物質的方法、因應特定物質的最佳分析方法，以及特定物質離開植物本身以後會產生哪些變化等，這些專業知識和技術都是學生必須學習的東西。這是相當嚴苛的教育課程，因此抱持不純動機入學的學生都會遭受意料之外的打擊。坎菲爾德博士表示，「畢竟這是專攻化學的課程，當然也要上數學課，因此有許多學生中途放棄。」

當初設立此學科時，密西根州只有許可大麻在醫療目的上的使用，因此沒有辦法在大學裡面種植大麻。所以只能使用其他植物來教導大麻檢查中會使用的手法，不過到了二〇一八年開始允許在公立大學裡栽種火麻（有效成分四氫大麻酚在〇・三％以下的大麻）以後，學校就為了授課及實習而栽種火麻。

學生首先使用火麻來分析的成份是四氫大麻酚（ＴＨＣ）含量。ＴＨＣ就是能夠打造出讓人很「嗨」的狀態的物質。娛樂用途的大麻為了要標示出含多少有效成分給消費者看，必須要經過測量。大麻當中包含ＴＨＣ在內，被稱為大麻素的成分有將近一百種，因此要學習各種不同成分的測量方法。另外，當然也要學習無論哪種農作物都需要執行的重金屬含量檢測等，也就是產品中是否含有毒成分的各種檢查方法。

其中目前需求最高的，就是被稱為萜烯的香氣物質檢查。幾乎所有植物都含有萜烯，尤其是鼠尾草、百里香等香草和柑橘類果實當中特別常見。大麻中也含有大量萜烯，便是其獨特的臭鼬氣味來源。二〇二二年到目前只有在內華達州，萜烯的檢查已經成為義務，然而有許多消費者認為，萜烯與大麻素的共同作用下能夠產生各式各樣的效果。會這麼說是由於大麻的品種甚多，就算是拿ＴＨＣ含量相同的品種來比較，消費的時候也會有完全不同的使用感受，例如「能量及自我肯定感高漲」、「放鬆到令人不想從沙發上起身」等差異。坎菲爾德博士說明，「幾乎所有消費者都說，單純的THC無法得到某些品種特殊的使用感。因此萜烯的效果目前在社群網站以及大麻相關的網站上都引起大家關注討論，也相當受到消費者和學生的矚目。」

得以呼吸自由空氣的大麻研究

與大麻相關的法律逐漸轉變，這對於研究進展來說有著相當大的意義。坎菲爾德博士的想法是「大麻在許多州還是違法物品時，大家只能在背地裡偷偷進行研究。比方說，想要調查大麻的遺傳性特徵的話，其實會找到六〇年代應該是具備專業知識的人所做的分析結果。先前根本不可能公開發表的研究結果，現在也能夠署名發表在學術刊物上了。隨著對大麻的反感逐漸變少以後，大麻研究也就能從黑暗當中現身，逐漸成為主流。」

由於從前研究都是暗地裡偷偷進行，因此也流傳著許多錯誤知識。比方說，對大麻進行的去羧反應流程。在新鮮大麻葉中的大麻素，要是沒有給予熱能使其產生去羧反應，就無法對人類的身體產生作用。如果像香菸那樣點火來吸的話，的確可以使其活性化，但若加入食物來使用，就必須以其他方法來加熱。坎菲爾德博士表示，「在網路上搜尋要讓大麻產生去羧反應的最佳溫度，會在許多人共享資訊的論壇找到一些文章引用一九九一年發表的論文圖表。但那張圖表其實是在某個特定狀況中，調查特定品種大麻的最佳溫度，結果大家卻以為所有情況都會符合那張圖表。」簡單來說，這就好像玩了三十年的傳話遊戲，沒能把真正要表達的內容告訴大家，就這樣一路走來。因此，坎菲爾德博士和學生們重新使用各式各樣的條件來調查去羧反應的最佳溫度。

另外，還有接二連三發現大麻成分中的新物質等進展。自一九六八年起，聯邦政府只允許密西西比大學栽種研究使用的大麻，因此要研究大麻的話，就必須向密西西比大學取用。然而密西西比大學培育的品種也只有寥寥數種而已。另一方面，在銷售大麻的店面卻能夠取得超過三十種品種所製造的產品。坎菲爾德博士說：「除了先前研究的品種以外，應該要有更多樣化的大麻研究。著手開始針對實際在市面上流通的其他品種的研究以後，我們在先前沒有注意的物質相關研究方面也有所進展。目前也

密西西比大學的大麻栽培室。以前若要使用大麻進行研究，就必須從這裡取得他們栽培的大麻（照片提供：Don Stanford, University of Mississippi）

有專注於大麻主題的學術刊物發行，在化學學會上大麻的小組活動也相當踴躍。雖然人類已經使用大麻一千多年，但如今才終於要開始了解它背後的化學基礎。」

相反的，另一方面也是因為若不腳踏實地進行研究，這東西會相當危險。在推動各類品種的成分物質的研究以前，市面上商店裡可是充斥著「反正應該有符合檢查標準」的大麻商品，甚至也可以在網路上買到。大麻畢竟含有四百多種化學物質，這些物質分別會對大麻產品造成什麼樣的影響，目前我們實在無法說是完全理解。

今後將會如何？高等教育與大麻

就算對於大麻研究的禁忌感已經變得比較薄弱，但依然有著如何取得研究資金的課題擺在眼前。目前大麻研究還是非常難以爭取使用由聯邦政府提供的龐大研究費來進行。

比方說，密西根州等地可合法將大麻使用在娛樂方面的州內，的確可以研究THC含量較高的大麻。然而，若想要向美國國家科學基金會或者美國國家衛生研究院等單位領取聯邦政府提供的研究費，那就必須要取得可以研究海洛英、古柯鹼等相當有可能造成濫用的藥物類處理許可，而且還必須要從密西西比大學取得研究用的大麻，整個步驟變得相當繁瑣。

坎菲爾德博士不禁覺得光是思索研究費的問題就一個頭兩個大。「就算大麻研究並沒有使用聯邦政府的研究費，光是在研究聯邦政府認定『違法』的大麻，大多數人也深信這樣會對同大學內其他研究者領取聯邦政府研究費這件事產生不良影響。因此會有很多人遲疑著是否要推動大麻研究，也有很多人覺得這樣不太好而無法踏出那一步。我認為這就是對於現今大麻研究來說最大的難關。」

目前大麻在聯邦政府的規定當中被區分在「附表一」的範圍內，也就是屬於不具備醫療價值且遭到濫用可能性相當高的藥物。而坎菲爾德博士表示，若是大麻的分類能夠變更到即使遭到濫用的可能性相當高但具備高度醫療價值的「附表二」範圍內，研究也會變得比較容易。

即使如此，大學為了教育也已經開始出現積極開設大麻講座的跡象。美國的大學與日本的大學一樣，每年都為了招生而相當煩惱，所以非常努力試著設立能夠提起學生興趣的學系，又或者是對於就業相當有利的學系，拼命招生。實際上與大麻相關的學系，畢業後的確很有可能前往比恩師們還要高薪的公司工作。其他大學也逐漸開始設立類似的學科，有些較為重視生物學方面的課程，有些則是更加著重於商業方面的教學等。

北密西根大學當初設立藥用植物化學系的時候被許多媒體大肆報導，因此申請入學者的數量有了爆炸性的成長。原本每年化學系的學生人數大概是一百二十～

一百四十人左右，但學科成立的那年人數膨脹到超過四百人。當初也有很多學生是抱著「哇！可以種大麻耶！」的輕鬆心情入學的，所以開始上課以後有許多學生受到相當大的打擊。之後，只要有校園開放參觀的活動或者有人前來詢問，校方一定都會強調此學科的目的乃是學習化學專門知識和相關技術，課業非常困難，之後下定決心才前來的學生也比較多了。

坎菲爾德博士回想起當初設立學科的時候，沒想到大學方面竟然興味盎然，他只是提出了要設立藥用植物化學系的提議，居然三兩下就得到許可。「雖然還無法取得前往大麻業界實習的許可等規劃，顯然有一部分決策還是相當保守，令人感到有些遺憾，而且還有一部份人士認為這不過是個玩笑般的學科，但我已經跨越了那些批判，確保這是一個正正當當的學科。雖然現在也還是有人相當輕視這個學科，但已經不是來自大學內部，大多是社群網站或者是一些網路平台等外部的意見。」

畢竟學生們也都非常熱情，因此坎菲爾德博士認為大麻業界以及研究的未來還是相當樂觀。

「大家或許難以想像化學系的學生們會在課後留下來談論業界新聞，找到有趣的論文還會分享之類的，但是藥用植物化學系的學生就會這麼做。我認為對於學習一事抱持如此高昂的熱情，實在是相當棒的一件事。」

這些學生們，將會如何引領美國的大麻業界呢？或許我們能夠在今後幾十年拭目以待。

質疑「古老而美好」的時代

——鐘錶學校與研究開發（瑞士）

以生產高級手錶聞名的國家，瑞士。除了勞力士、歐米茄等就算不是鐘錶愛好者都曾耳聞其大名的品牌以外，還有許多高級品牌也以瑞士作為據點。價格超過一千瑞士法郎（相當於日幣十四萬元）的鐘錶有九五％都是由瑞士鐘錶品牌製造的。

而要維持「打造鐘錶的名地——瑞士」這種品牌印象，不可或缺的便是接二連三孕育出有著高明技術工匠的鐘錶學校。這間學校的學生幾百年來傳承著技術，同時接觸先進技術來逐步開發新時代的鐘錶。

鐘錶之谷

瑞士鐘錶有九成都是在位於北部的侏羅山腳下製造的。這個地方被稱為「鐘錶之谷」，愛彼（Audemars Piguet）、積家（Jaeger-LeCoultre）、寶璣（Breguet）、寶珀（Blancpain）等名家品牌的工作室都在此處。被稱為天才鐘錶師的菲利普·都佛（Philippe Dufour）也在此處經營他的工作室。

瑞士是在十七世紀前後開始製作鐘錶。據說是一名鐘錶師向侏羅山谷中勒洛克村落的農民提議，他們可以在漫長冬季時以製造鐘錶為副業，之後這裡便成為鐘錶的主要產地。十九世紀中期，鐘錶產業對於整個城鎮來說已是不可或缺的存在，因此整個城鎮都修改建造為方便打造鐘錶的架構。為了製造鐘錶而打造出來的街道，和鄰鎮的拉紹德封市中心街區一起被登記為世界文化遺產。

瑞士的鐘錶產業，以他們開始製造鐘錶起就傳承至今的機械式鐘錶（使用發條轉動）聞名。在一九六〇年代走上高峰，然而到了七〇年代，較為便宜的日本製石英鐘錶（使用電池，利用電能驅動石英振盪器，產生振動讓鐘錶運作）出現在市面上以後，便陷入了危機。八〇年代的時候，鐘錶產業的業界人士和公司都減少到只剩下三分之一，但隨著總公司設立在瑞士的斯沃琪公司（Swatch）開始製造量產款式鐘錶，而後就連新興國家的消費者也開始購買他們憧憬的瑞士鐘錶，這才讓瑞士鐘錶產業慢慢慢踏上恢復的道路。如今瑞士鐘錶業界生產的手錶中有四分之三是石英鐘錶，但剩下四分之一的機械式鐘錶卻佔了銷售額約莫七五％。

擠進鐘錶學校的窄門

既然鐘錶產業的中心在侏羅山谷，那麼鐘錶學校自然也是聚集在該地區了。

在瑞士要成為鐘錶工匠，主要有三個方法。一是去鐘錶職業訓練學校上課，這在日本應該很接近專科學校。從十五歲開始就可以申請入學，競爭程度也很高。入學考試除了考驗指尖是否靈巧的技術測驗以外，同時也會考作為邏輯思考能力指標的數學，以及法語能力。如果順利入學，就要花費三到四年接受實實在在的技術教育，畢業時能夠取得「聯邦技術證照」。鐘錶職業訓練學校在瑞士全國共有六間，全部都在侏羅山這個地區。其他方法則是鐘錶製造商會在自己公司的教育中心裡培育人才，或者可以參加私立教育機關開放給社會人士的訓練課程。

要成為鐘錶工匠，就必須要學會自己製造所有零件、組裝以及修理的方法。被稱為名門學校的 L'École Technique de la Vallée de Joux（ETVJ，侏羅山谷技術學校）

中一般課程大概是這樣的。第一年要學習研磨、銼削等整理方法、開洞鑽孔的技術、切削機器的使用方式等製造東西的基礎，同時學習鐘錶本身的運作原理。也會製作鐘錶的小型金屬零件。即使這些零件在生產線上已經是由機械生產，但為了徹底理解基礎，也必須以手工的方式從金屬塊削切製作出來。就算是簡單的機械式鐘錶也有大約一百三十個零件，因此要記得結構和製作方式並不是那麼簡單。

除了鐘錶本身以外，學習使用的工具以及備用品製作方法也非常重要。舉例來說，要組裝鐘錶蓋的時候需要相當特殊的螺絲起子、為了打造把手的部分必須刻出平均而細緻的鋸齒等，這些知識都是需要學習的東西。另外，就連為了讓用來裝鐘錶的木箱能夠乾脆的喀喳一聲闔上，箱口的金屬零件調整也都必須要經過練習。

第二年開始就能更加深入接觸鐘錶。學習機械式鐘錶及石英鐘錶兩種鐘錶的結構以及內部組裝、決定鐘錶走動速度的零件調整方式、外殼裝卸方式、外側零件組裝以及修復工作等。在這個階段也要學習以手工在齒輪加上特殊刻痕的方法，以及如何製作被稱為機械式鐘錶心臟的「機芯」。

第三到第四年則逐步學習製造流程、品質管理及售後服務等，還會去參加集合全瑞士鐘錶學校學生的競賽來試試自己的能力。比方說，由百達翡麗公司主辦的比賽上，需要組裝百達翡麗商品中最有名的內部結構「Cal．215」，並且必須將鐘錶行走的速度快慢調整到主辦單位指定的速度。

畢業生當中，有些人是打算走上組裝或者維修的道路，也有人的目標是將來擁有自己的鐘錶設計工作室。另外，還有人在一般課程畢業以後，為了能夠製作出具備月曆或世界時區等時間以外功能的複雜鐘錶，又或者是為了要學會如何修理相當難處理的骨董品，而再次入學到訓練強度更高的學科。相當複雜的手錶款式，零件會多達數百個，據說最複雜的甚至高達兩千八百個之多，因此完全能夠理解這些技術必須要另外學習。

是否能守住創作物品的精神呢？

雖然在鐘錶學校裡會徹底教導手工作業的方式，然而在瑞士的鐘錶業界裡，這二十至三十年間的製造流程大部分都已經機械化了。大家或許會想，那麼這樣是否根本就不需要鐘錶工匠了呢？事實卻是相反。

說起來，瑞士的鐘錶產業會加速工業化，是因為配合亞洲爆發性的需求成長，當中尤其是中國及香港最為誇張。目前瑞士製的鐘錶幾乎兩個當中就有一個是中國消費者購買的。這樣一來進入市面的鐘錶數量增加以後，除了製作者以外，維修中心也會接二連三收到委託，結果就是需要更多鐘錶工匠。也因為這樣的潮流，近年來開始發展出鐘錶短期課程。相較於原先的課程需要花費三到四年前往學校學習充實的課程，然後取得「聯邦技術證照」，短期課程只需要兩年就能夠取得聯邦基礎訓練結業證明書。與其說是鐘錶「工匠」，還不如說是鐘錶的「製造勞工」。對於需要即戰勞動力的鐘錶廠商來說，這實在是感激不盡。

但是鐘錶工匠、製造商員工或者在學校一路進行研究的專家則認為，這樣一來，畢業生好不容易得到一身技術，能夠發揮的地方卻減少了。

「由於高級機械式鐘錶蔚為風潮，這個工作變得比以往更受歡迎，尤其是這幾年特別受到年輕人們的矚目。強調手工作業價值的鐘錶大廠和職業訓練學校給人的印象戰略可以說是成功奏效。但是這些因此而成為鐘錶工匠的年輕人們，現在卻苦惱於理想和現實之間的落差。使用矽膠那類新材質製作的零件一旦故障以後，就連專家都沒

辦法修理，只能換一個新的。」〔引用艾爾維・姆茲（Hervé Munz）先生於swissinfo.ch的訪談〕

在過去受到重視的技術當中，有一項叫做陀飛輪的技術。這是非常複雜的技術，利用頻繁改變游絲[1]的位置來降低地心引力的影響，這樣的結構可以讓鐘錶就算一直處在垂直狀態也能夠維持精密度。大概在三十年前左右，這還是只有相當少數的工匠有能力製作出來的終極技術，然而靠著技術開發，目前已經能夠以機械來生產。就連高等工匠技術都能夠用機械達成的話，鐘錶學校畢業生的能力似乎就有些多餘了。就算他們身懷著能以手工作業來處理手錶的技術，結果大部分還是都交由機械去做，就連修理也都只剩下簡單的步驟。

即使如此，由於瑞士的鐘錶廠在行銷活動中打造出高度創作物品的印象，因而能夠正向提升銷售，因此不會積極對外宣傳其實目前已經多為工業量產。對於無法發揮能力的現實，感到灰心的畢業生轉職從事跟鐘錶一樣需要精密度的醫療器材業的案例，也就不是那麼稀奇了。

有研究傳統工藝的必要嗎？

如今鐘錶已經普遍高度機械化，業界所求的創新不再是減少缺陷，而是拓展全新的可能性。製造商從各式各樣的領域雇來專家，致力於研究開發。舉個例子來說，歷峯集團就在諾夏特市設立了研究設施，與瑞士聯邦理工學院洛桑分校進行共同研究。而在這類設施當中所進行的研究是有關嶄新材質、應用機器人工學的全新製造流程、以及鐘錶的新穎結構等，也就是希望能使用與過往完全不同的結構和材料，打造出前所未見的東西。創新幾乎不再是由鐘錶工匠的創意靈感來主導，而是屬於科學實驗室的東西。

各家廠商特別致力的項目就是開發新材料。在二〇〇〇年代初期，鐘錶品牌聯手組成了一個研究聯盟，悄悄研究如何使用矽膠來打造游絲。游絲是類似鐘錶裡面鐘擺

1 一種非常細的彈簧，本文後段會有相關解說。

機械式鐘錶的游絲。以前這個東西也是手工製作（Photo by He-Arc）

的零件，要將非常細長的金屬捲成蚊香形狀。這個零件可以用來控制手錶運作的速度，然而游絲本身一年就要振動個五億次，因此必須要非常堅固。矽膠比起過往使用的鋼絲來說，具備強度又輕盈、不帶磁性、耐腐蝕、可吸收衝擊，也不需要潤滑劑，是非常優秀的材料。不過，矽膠這個材質非常不好處理，所以在開發上耗費了許多功夫，但也因此終於做到就算手錶遭受衝擊，或者進入磁場範圍，也仍然能夠保持其正確性。如此一來也就不用那麼常送去維修，對於製造商和消費者來說，都是相當令人高興的結果。不過矽膠的游絲只要壞掉了就沒辦法修理，只能直接換成新的，因此也有人認為矽膠游絲的普及會奪走鐘錶工匠能發揮所長之處，純正主義的人當中甚至有人表示，「會想要手錶，就是想要過去那種透過手工打造的產品，所以裡面如果是矽膠這種人工材料的話，相當降低讓人使用的意願。」

二〇一七年以後比較受到矚目的則是奈米科技的可能性。就連堅持過往製作方法的工匠也表示這確實是有其優點，如果內部結構的主要零件鍍上一層奈米粒子，只要不是過於誇張的物理性撞擊導致鐘錶出現問題，那麼就能做出不再需要維修的鐘錶。具體來說，就是把防止乾燥的潤滑劑鉬以單一原子厚度鍍在零件上，那麼就不需要維修時塗抹的潤滑劑了，大概是這樣的原理。

因此，也有人開始試圖乾脆從打造零件起就用奈米粒子吧，也就是使用奈米碳管來製造游絲。碳其實比矽膠還要強悍，對於磁力及溫度變化的耐性也非常強。奈米碳管的游絲是把游絲的模具放進類似烤箱的機械當中，然後以乙烯和水使其產生反應就能製造出來。這是應用了美國猶他大學花費十二年開發出來的技術，良率比矽膠還要高，大家都認為這應該是相當可以抱以期望的劃時代技術，不過目前使用了這種游絲的產品還是被廠商回收了。今後想必還會繼續在錯誤中嘗試新材料吧。

鐘錶工匠需要負責的角色與過往確實已經有所不同，而鐘錶業界要如何在傳承過往知識的同時又達到創新呢？這與日本的傳統工藝繼承是不同的課題，卻是瑞士的工匠們面臨的難關。

小而不刺人的蜜蜂潛力

——無螫蜂的飼育（菲律賓）

人類從以前就非常喜愛蜂蜜，據傳至少在八〇〇〇年前左右，人類就已經會採集蜂蜜來享用了。這份愛到如今二十一世紀都仍然健在，全世界都有人在用西洋蜂進行養蜂。而如今先進國家對於使用天然材料製作的食品需求與日漸增，因此蜜蜂相關產品的市場價值也就持續高漲。隨著這樣的情勢發展，全世界包含日本在內都有人針對養蜂進行研究，也有相關的教育課程。

全世界養蜂主流使用的是能夠製造大量蜂蜜的西洋蜂，不過在菲律賓盛行飼養的是有點不一樣的蜜蜂。那是一種從以前就棲息在東南亞的「無螫蜂」。牠們和西洋蜂一樣會打造聚落、經營著高度社會化的生活，但是身體非常小，頂多跟螞蟻一樣大。而且正如其名，牠們沒有蜂針。菲律賓有大約五百間農家經營西洋蜂的養蜂工作，但是經營無螯蜂的農家則超過了兩千間。

話雖如此，能夠從無螯蜂那裡得到的蜂蜜量非常少。西洋蜂大概一個聚落平均一年可以製造出大約十一公斤的蜂蜜，而無螯蜂只有兩公斤左右，再怎麼努力頂多也只有四公斤。即使生產量這麼低，大家還是相當支持無螯蜂養蜂事業，是因為牠們在菲律賓農業上扮演著非常重要的角色。

被當成小東西的當地蜂

雖然無螯蜂從好久以前就棲息在菲律賓各島上，不過一直到二〇〇〇年代以前，大家都不知道牠們有多麼重要。顛覆這個情況的，正是一手推廣無螯蜂養蜂的菲律賓大學洛斯巴諾斯校區的「蜜蜂課程」。

會設立這個課程，一開始是菲律賓大學榮譽教授克利奧法斯・塞爾邦西亞博士為了研究昆蟲授粉行動而開始養蜂。塞爾邦西亞博士回想：「原本是我向農家借地來養蜜蜂，結果農家的人反而來請我教他們要怎麼養蜂。」為了要教導那些農家和希望成為養蜂人的人如何養蜂，便開設了這門課程。之後一直被認為是「路邊到處都有的昆蟲」而不受重視的無螫蜂研究也大有進展，這才了解牠們對授粉有相當大的貢獻，而且還能夠製作出可以拿到市面上販售的蜂蜜，因此開始致力於無螫蜂的研究及教育。

這樣的方針變動，對於地方產業來說只有好處沒有壞處。這是由於農業在菲律賓所有產業當中佔了二五％，而當地盛行的是一戶農家只栽培一種作物的單一耕作文化。對於菲律賓常見的農作物來說，無螫蜂遠比西洋蜂更適合為這些作物授粉，因此可成為提升農業生產量的推手。更何況西洋蜂在菲律賓非常容易生病，並且養西洋蜂的初期費用也很高，那麼偏向飼養無螫蜂自然是不在話下了。

塞爾邦西亞博士表示，「負責授粉的昆蟲身體大小和花朵大小若是不合，花朵是沒辦法好好被授粉的，像是芒果的花就非常小。而無螫蜂真的很小很小，所以芒果和無螫蜂是非常完美的配對。也就是這個理由，無螫蜂非常適合用來為芒果、酪梨、紅毛丹、椰子這些作物授粉。」

以前蜜蜂課程的研究者們花費兩年的時間，研究對於芒果來說，哪個種類的蜜蜂最能夠讓芒果花有效率地成功授粉，最後才得到這個結果。用來比較的是包含西洋蜂在內的各式各樣蜂類，以及原產於菲律賓的無螫蜂。結果就是確定無螫蜂是授粉效率最高的蜜蜂，於是芒果農家紛紛開始購買並飼養無螫蜂。如今除了椰子、芒果以外，全世界需求愈來愈高的酪梨、還有在亞洲各國相當受歡迎的水果紅毛丹等附加價值相當高的水果，大多經由無螫蜂來授粉。以椰子來說，用無螫蜂授粉可以提高八〇%的收成量。

塞爾邦西亞博士等人根據研究的結果，製作了關於使用無螫蜂來進行授粉的指南書。當中提到的知識之一是灑農藥和殺蟲劑的時機。塞爾邦西亞博士說：「無論是哪種植物，其花朵都有最容易授粉的時間帶，而那通常是非常短暫的時間。舉例來說，芒果是早上八點到十點最適合授粉。同時這也是作為蜜蜂餌食的花蜜累積最大量的時間，所以當然是蜜蜂最為勤奮出來找食物的時間帶。這樣一來，蜜蜂為了取花蜜而降臨到花朵上，就會沾到花粉，然後在飛到其他花朵上的時候為它們授粉。」如果在這個時間帶上噴灑藥劑，就會殺死大量蜜蜂。所以只需要把噴藥的時段稍微調整一下，改到蜜蜂不會出來找食物的下午等時段，就能夠好好保護蜜蜂。

到現在還是有許多前來敲響蜜蜂課程大門的人，一開始以為是要透過蜂蜜獲益而前來入學。不過大家都說，發現授粉的優點以後，就會開始思考蜂蜜以外的收入。塞爾邦西亞博士表示，「常常會有人跟我說，為什麼菲律賓無法製造更多蜂蜜？為什麼菲律賓的蜂蜜都是進口的？我希望能夠改變大家這方面的認知。菲律賓原生種的蜜蜂身體這麼小，為什麼大家會指望牠們跟身體巨大的西洋蜂有相同的生產量？確實東南亞整年都有花朵綻放，但是當中並沒有包含西洋蜂會去採集花粉的油菜、尤加利和相思樹。這些植物通常會全部一起開花，然後蜜蜂們就能一次採集花粉，但在菲律賓這裡是行不通的。蜜蜂可不會互相較勁牠們的生產量，我也認為不應該拿這點來互相競爭。相反的，我們的蜜蜂所能夠提供的附加價值是非常多樣化的。」

養蜂需要化學，也需要數學

當初在蜜蜂課程中執教鞭的研究者只有五位，然而後來除了生物學研究學者以外，也成功拉進了數學、化學以及經濟學的研究者，目前共有三十五人。尤其是在化學方面的研究，由於要分析無螫蜂製造的生產物的內容物質，因此近年來重要程度也與日俱增。塞爾邦西亞博士說明：「在蜂蜜內混入糖漿，然後竄改成分標示等等，這類蜂蜜造假問題在全世界都讓人頭痛。目前在市面上的蜂蜜大概有三〇%左右都有某些部份是造假的。因此我們也會分析無螫蜂的蜂蜜成分。」

數學專家加入小組是最近的事情，他們經手的是關於無螫蜂採集花粉方式相關的數學模組，以及授粉的模組。比方說，他們可以試著計算要讓佔地一公頃的芒果農園授粉的話，需要多少個聚落的蜜蜂數量之類的問題。這樣研究的結果，就能夠得到「幾百公頃的農園需要幾千個無螫蜂聚落」這類知識，如此一來就能夠讓農園向養蜂家收購蜜蜂聚落的時候有所依據。

而同時最重要的，就是保證蜜蜂聚落的品質。所謂品質，指的是在聚落裡面的蜜蜂數量。就算被告知需要幾千個聚落，但一個聚落裡面的蜜蜂數量參差不齊的話，對農園來說也是很難出手購買。塞爾邦西亞博士說：「如果提供品質惡劣的聚落，對於農園來說太不公平了，而且這樣也無法推動農業發展。因此聚落的品質標準也由我們來制定。無螯蜂的蜂巢會區分為三個隔間，所以條件就是至少蜜蜂必須要滿到第二個房間，還有總重量必須超過一定標準。如果是相同的價格，但是只有第一個房間裡有蜜蜂的話，那麼對於買方來說就是損失了。打造出這類買賣標準，也是讓大家輕鬆接受使用無螯蜂授粉的理由之一。」

蜜蜂可以救人？

使用無螯蜂進行授粉，也能幫助那些因自然災害而受損的農園重新建立事業。

菲律賓在二〇一三年十一月歷經了規模與受害情況前所未有的嚴重的大型颱風，風雨橫掃菲律賓中部，造成許多農園元氣大傷。塞爾邦西亞博士說：「在颱風過了一陣子以後，我們前往薩馬島的酪梨農園進行視察，情況讓我們完全愣住了。明明有開花，卻沒有半個果實。這表示由於那個颱風，這裡已經沒有能夠幫忙授粉的昆蟲。雖然像香蕉之類的水果就算沒有昆蟲幫忙授粉，也還是能結出果實，但大部分農作物都需要經過授粉，因此陷入了大家完全沒有收成的狀態。椰子也是一樣。」由於這裡是一座島嶼，因此負責授粉工作的昆蟲要以自然的方式跨越海洋來到這座島嶼上，肯定會需要相當長的一段時間。

所以菲律賓大學的團隊就把無螯蜂的聚落帶到當地去，希望能夠促使農作物授粉。塞爾邦西亞博士表示，「還不到一年，我們回到薩馬島上觀察，發現植物都順利授粉了，島上的人們真的非常高興。」而在這裡成為關鍵的，就是被稱為「蜜蜂用放牧地」的植物群。也就是在農園裡打理出蜜蜂會喜歡的花朵叢生植物群，打造一個蜜蜂容易居住的環境。以單一耕作的情況來說，作物正好開花的時期倒是還好，但其他時期蜜蜂還是需要食物，所以必須要整理出蜜蜂用的牧草地。「我們現在已經知道，在把新的蜂群帶去之前，確保聚落營養來源是非常重要的，因此目前都會建議大家要先打理出一片蜜蜂用的牧草地。尤其是包含菲律賓在內，這些位於環太平洋火山帶的國家，經常有自然災害而使得原先居住在農園裡的授粉昆蟲消失，因此必須要有所準備。」

還有許許多多隱藏的潛力

目前作為新收入來源而相當具有潛力的，就是蜜蜂塗抹在蜂巢上的樹脂狀物質「蜂膠」。大家都知道這種東西有相當高的抗菌效果。人類自古以來就會使用蜂膠，在埃及也拿來作為木乃伊的防腐劑。

無螫蜂雖然沒辦法製造大量的蜂蜜，卻會大量生產蜂膠。而不同種類的蜜蜂所製造的蜂膠成分也是五花八門，根據菲律賓大學與東京大學研究者們的共同研究發現，使用人類培養細胞與老鼠進行實驗，菲律賓無螫蜂的蜂膠具備能夠抑制胃癌腫瘤細胞繁殖的效果，並在二〇一八年的時候發表結果。

塞爾邦西亞博士說：「原本並不是因為考量到蜂膠的市場價值，所以才一直推廣飼養無螫蜂，不過分析之後發現牠們的蜂膠能夠抑制許多微生物繁殖。在學會上發表以後，就有企業表示他們有興趣，甚至還到當地視察。這樣一來大家都能明白有多高的附加價值，我也希望能對菲律賓的農家和養蜂人的生活有所幫助。」事實上，菲律賓國內對於蜂膠的需求，說起來大概也只有做手工肥皂的時候會用上，所以這東西如此受到海外重視，也是讓他們驚訝到下巴都掉了。「雖然聽起來是很棒，不過我們並沒有保證一定能生產出多少蜂膠。畢竟身體小巧的無螫蜂要製造出大量生產用的蜂膠需求量應該還是很困難吧。」

既然全世界的需求都在增加，那麼今後菲律賓的養蜂活動或許會更活躍吧。

專欄

無螫蜂的蜂蜜

無螫蜂雖然沒辦法製造大量蜂蜜，但相同品質的蜂蜜價值，其實比廣泛流通於市面的西洋蜂所製造的蜂蜜高大約二到三倍。而且蔗糖含量也比一般的蜂蜜來得低。一般蜂蜜的蔗糖含量大約在五至一五％左右，但是無螫蜂的蔗糖含量再怎麼高也只有一％。特徵是有著水果般的酸甜口味。這是由於無螫蜂口中的酵素會將糖份轉化為葡萄糖酸，所以風味相當獨特。正因其如此特別，也會有國外的人特地求購。

下一個一千年，全世界都會使用？

——阿育吠陀醫學（印度）

「提到印度，就是咖哩。」

如果說，近年來印度政府有什麼事情做的特別成功，那麼大概就是把前面這句話置換成「提到印度，就是阿育吠陀」吧。

印度的傳統醫學阿育吠陀、日本漢方藥的源頭中醫，以及伊斯蘭文化圈中發展出的尤那尼醫學，同時並稱為世界三大傳統醫學。

在印度，阿育吠陀是一門堂堂正正的學問，要在大學上五年半的教育課程，才能夠成為正規的阿育吠陀醫師。五年半的學制和西方醫學是相同的。而在某些地區，阿育吠陀的醫師與西方醫學的醫師具有著相同權限，一樣可以開立處方箋。提供阿育吠陀教育課程的大學在印度境內有將近三百間，其中有大約五十間學校是公立大學。除了印度以外，在鄰近各國如斯里蘭卡、尼泊爾、孟加拉等地也有相同的教育課程。

目前印度正舉國推動傳統醫學。由於這樣的風潮，走上醫學道路的學生也開始產生一些變化。對於傳統醫學相當了解的英國諾丁漢大學卡希克．查特帕迪葉伊博士表示，「過去是西方醫學比較受歡迎，如今選擇阿育吠陀的人逐年增加。畢竟政府也是相當積極在背後當推手，現在幾乎可以說是阿育吠陀的競爭程度比較高也不為過了。」查特帕迪葉伊博士自己也是取得阿育吠陀醫學學位的醫師。

誰說是替代用了？

阿育吠陀的起源至少來自三千年以前，根據不同說法甚至可能追溯到五千年前。阿育吠陀的藥物有將近七百種藥草、奶油等來自動物的產品，以及搭配礦物或金屬混合後調配而成，種類相當繁多，像是在印度料理中大家非常熟悉的香料薑黃粉和孜然也都是經常使用的材料。比方來說，感冒的時候唇形科香草中的聖羅勒據說對咳嗽非常有效，可以直接咀嚼葉片，也可以服用與其他成分混合熬煮而成的湯藥。

阿育吠陀並不是只有藥物。這門醫學根據人類的性格和身體特徵，將人分為三大體質（Dosha，能量），教導人們根據其體質選擇適合自己的餐飲、生活習慣（運動種類及時機、應避免之環境、睡眠時機及時間長短等）。另外，還有名為業障淨化的排毒療程，要花費幾星期進行，包含放血，也可能使用瀉藥、灌腸或催吐等。整體來說，目標是將身體調整為不易生病的狀態。

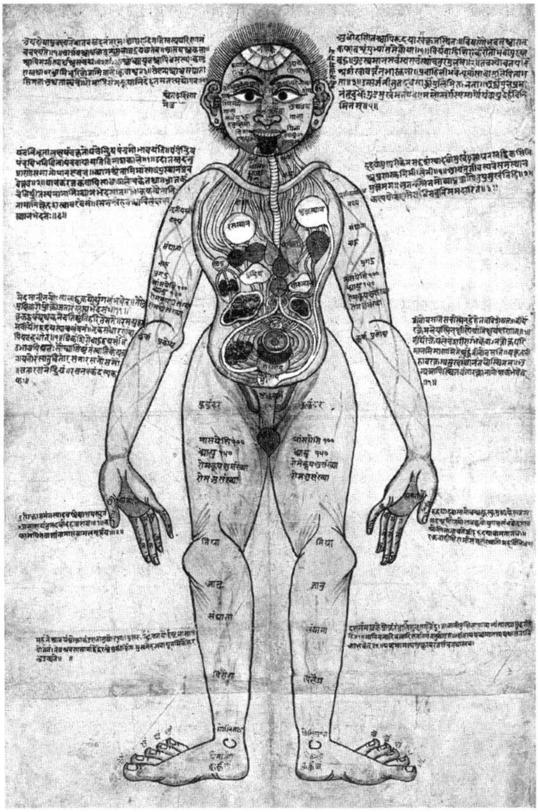

阿育吠陀醫學解剖圖
（引用自Wellcome Collection）

與此同時，阿育吠陀也已經確立其獨特的手術方式。在兩千多年前的文獻上，記載著「應解剖死人身體來了解身體結構」，同時還記載關於痔瘡、四肢切斷、鼻子、眼科手術等相關內容。當中甚至在鼻子手術的部分，還寫著應該要從額頭或臉頰切下皮膚貼上，非常接近現代醫療。這個方法主要是用來讓鼻子比較容易呼吸、或者是因刑罰要毀掉或切掉鼻子的時候使用。

阿育吠陀的藥物和生活習慣改善方式，近年來作為「替代醫療」而在西方也開始大受歡迎。但是在孕育出阿育吠陀的印度，阿育吠陀並非什麼替代品，而是原先就存在的醫療方式。目前在印度也仍然受到廣大支持，尤其是少數民族、女性、高齡者、低所得者以及在鄉下生活的人，使用阿育吠陀的比例相當高。在鄉下生活的人當中有六五%在生病的時候，會先求助於阿育吠陀醫學。由於印度人口就有六五%生活在鄉下，大家就能想像出這個數字有多高了。這種醫療並不是用大量生產的藥品作為處方，而是根據每個人的體質和症狀來調製藥劑或者治療傷口，由這點看來，阿育吠陀也被人說是為每個人量身打造適合的醫療的始祖。查特帕迪葉伊博士說：「在印度，大家認為西方醫學的副作用相當強烈。比方說如果有第二型糖尿病這類慢性病症狀的話，在印度一般人都會想著『接受西方醫學治療之前，先試試看用阿育吠陀治療吧』。」在慢性病患者當中，特別傾向尋求阿育吠陀幫助的，就是苦於消化系統相關症狀的人。

阿育吠陀原先就相當受歡迎了，自從印度教至上主義政黨的印度人民黨執政以後就更受到推崇。印度人民黨將復興傳統醫療作為他們的任務之一，在二〇一四年成為執政黨以後沒多久便設立了推動傳統醫療及替代醫療的「ＡＹＵＳＨ部」。「ＡＹＵＳＨ」這個簡稱是指阿育吠陀、瑜珈與自然醫學尤那尼、流傳於南印度的悉達醫學、起源於德國的順勢療法。原先在印度的保健暨家庭福祉部當中就有類似意義的部門，不過印度人民黨將其提升等級成為專門的一個行政部門。之後還投入了過往三倍左右的預算。如今印度的醫生有六成從事包含阿育吠陀在內的傳統醫療及自然療法。

教科書使用奧祕語言

阿育吠陀的學位被稱為「阿育吠陀・醫學・外科學士（ＢＡＭＳ）」，自一九七〇年代就是一門大學教育課程。在五年半的課程學習後取得學士稱號，接下來也和西洋醫學一樣，會繼續進修碩士及博士課程，專門學習皮膚病、脊椎疾病、眼科疾病、肛門直腸疾病等各式各樣領域。

阿育吠陀的教科書是用連印度人都不是非常熟悉的梵文寫成。梵文是過去使用在學問及宗教上的語言，現代主要用於宗教儀式當中。直至今日為止，雖然阿育吠陀的教科書已經經過多次編輯與加寫，但幾乎還是直接使用兩千年前用梵文書寫的內容。使用梵文的教科書是什麼感覺呢？如果置換為日文的脈絡來看，大概的感覺就是直接把漢文當成教科書來使用吧。

除了把這些幾千年前就一路傳承下來的知識灌輸到腦袋裡以外，BAMS的課程當中其實也必須學習西方醫學。學生要學習近代的生理學、解剖學、藥理學和病理學等領域，然後找出與阿育吠陀的共通點。舉例來說，在西方醫學中的第二型糖尿病，在梵文教科書裡被稱為「Madhumeha」（意思是「甜的尿」）。雖然已經大致上學完了「Madhumeha」相關知識，仍然必須理解西方醫學觀點的知識及治療方法。查特帕迪葉伊博士說明：「大家必須和西方醫學的學生一樣在五年半之內把這些東西都學起來，唉呀，課程內容真是滿到不能再滿了呢。」

因此，這些學生其實也具備一定程度的西方醫學知識，所以部分省份允許BAMS

課程的畢業生開立西方醫療藥物的處方箋。另外，自二〇二〇起在取得BAMS學位後修完研究所的畢業生也能夠經手整形外科、眼科、耳鼻喉科及牙科的手術。

資料在哪裡？

近年來阿育吠陀和瑜珈一樣，在國內逐漸被大家認定為印度主要軟實力。然而印度國內的西方醫學的醫師仍然有許多人相當抵抗阿育吠陀。查特帕迪葉伊博士說：「經手現代醫療的醫師總是會這麼問：『有效的根據在哪？』他們的論點實在是令人無法反駁。」會有這種情況，是由於阿育吠陀並不是像西方醫學那樣透過臨床試驗來檢驗有效性後打造出來的科學，目前關於阿育吠陀的有效性研究也還是相當貧乏。

近年來，反彈聲浪特別強烈的，就是印度政府開始推廣阿育吠陀的治療方法作為新冠肺炎對策的一環。如果症狀輕微，就在鼻子裡面塗奶油；或者飲用胡椒、生薑和數種香草混合的熱飲；也推薦大家飲用AYUSH部在小部門時期針對瘧疾開發並取得專利的香草藥飲「AYUSH－64」。AYUSH－64是經確認有退燒及抗發炎作用的藥物，因此具有能夠防止病毒在體內繁殖的效果，原先政府還發表新冠肺炎重症也可以將阿育吠陀作為治療選項之一。在ＡＹＵＳＨ部的記者會上，ＡＹＵＳＨ部雖然公開表示他們推薦的治療方法全部都是根據實驗室中進行的研究、經過動物試驗及人類臨床試驗所得出的結果，但是臨床試驗的人數偏低且沒有進行分組比較，因此被西方醫學的醫師點出這些報告的可信度相當低。另外，也被指出臨床試驗並非針對新冠肺炎病毒，而是過去對瘧疾以及流行性感冒患者進行治療時的數據，直接拿來應用在新冠肺炎治療上並不是很好。

查特帕迪葉伊博士表示，事情的元凶就是「研究文化」這種東西，原先根本就不存在阿育吠陀醫學界當中。「包含我認識的許多人在內，阿育吠陀的專家都對於定量研究不是特別在意。他們認為畢竟這門醫學已經使用了幾千年，事到如今應該也不需要再研究了吧？大多數醫師都認為還不如好好專注於治療眼前的病患，並且向全世界宣傳阿育吠陀更有意義。然而今後包含印度國內也是如此，若是要向全世界推行阿育吠陀，那麼就必須用全世界的醫師和消費者都能夠接受的方法來提出根據才行。在印度國內雖然只要有影響力或財力就可以盡力宣傳，但是要向其他國家宣傳推銷的時候，沒有強力的科學根據是辦不到的。」

不過倒也不是完全沒有研究結果。查特帕迪葉伊博士就集結了針對第二型糖尿病進行阿育吠陀治療有效性的相關研究論文兩百一十九篇，綜合分析如何才能判定阿育吠陀有效，並且於二〇二二年以論文形式發表結果。查特帕迪葉伊博士說：「結論上可說的確是有某種程度的效果，但真的有許多品質相當不佳的論文。可能是研究人數太少、或者實驗設計太糟等等。當然也有些研究使用了可說是醫學研究中黃金標準的隨機比較試驗法，但是要能夠順利執行隨機比較試驗需要一定的知識和經驗，阿育吠陀專家在這方面顯然是有所不足。一方面也是因為先前阿育吠陀醫學中並沒有進行這類研究，所以沒能累積相關知識與經驗，雖然在BAMS課程中也已經出現了認為應該教導學生研究一事的動向，然而老師們自己也沒有相關知識和經驗，所以無法有效教授關於研究的事情。」

另外，西方醫學會針對單一藥物進行有效性的臨床試驗，然而阿育吠陀除了藥物以外，還會搭配其他方式以及改變生活習慣等來為病人進行治療，因此也有人認為阿育吠陀的有效性無法使用西方的手法來測量。查特帕迪葉伊博士則表示，「但我認為不可能沒辦法的。確實研究起來是相當困難，不過研究方法也是種類繁多啊。舉例來說，阿育吠陀醫學會進行各式各樣一連串處方，也可以置換成西方醫學中所謂『複雜性介入』的概念。複雜性介入指的就是透過多種要素互相影響來進行治療，而英國也有用來評估複雜性介入的指南書，還會定期更新。如果說阿育吠陀的治療就是不會單純只有使用藥物，那麼不如就把它當成一種複雜性介入來進行研究即可。」

另外，阿育吠陀的藥物當中有一些含有鉛、水銀、砷等用量不對就會損身傷體的有毒礦物。由於造成一定數量的病患重金屬中毒，因此被視為相當大的問題，但是查特帕迪葉伊博士說明：「阿育吠陀的專家是這麼解釋，在教科書裡記載著藉由加工礦物使其變成無毒狀態的方法，因此只要好好依照處方指示製作藥物的話，是不可能會引發重金屬中毒的，是技術太糟的人來調製藥劑才會造成病患重金屬中毒。」但只要沒有人去研究，就很難判別到底是原本的教科書內容就不好，還是藥物製作者的技術不夠高明。

效果正在檢驗中

由於這樣的情況，雖然印度國內的研究沒有什麼進展，但在其他國家反而有加速的現象。查特帕迪葉伊博士進行的第二型糖尿病分析，也是仰仗英國公家機關的普通醫師評議會所提供的補助金而得以順利執行。查特帕迪葉伊博士表示，「補助金絕對不是隨便就能夠發出來的東西，因此可以看出評議會對於這個研究是相當積極的。他們說『就算對我們來說是一種替代醫療，但若能夠獲得新的證據的話就去做做看吧，也要嘗試一些新的東西』。給人一種在否定其有效性之前，還是先調查看看再說的開放態度。」

除此之外，以公共衛生及熱帶醫學聞名的倫敦衛生與熱帶醫學院也和ＡＹＵＳＨ部組成共同企劃小組。內容是針對罹患新冠肺炎後出現長期症狀的患者，使用阿育吠陀中的藥草睡茄效果的研究。阿育吠陀醫學認為睡茄具有抗發炎的作用，同時能夠提高身體的壓力耐性，然而目前並沒有可信度夠高的研究結果。在這次的研究當中，嘗試睡茄對於呼吸困難、倦怠感、肌肉痠痛、不安障礙以及腦袋一片空白的認知功能障礙等症狀是否有效，以居住在英國的兩千名患者作為測試對象，每隔幾個月測量其生活品質變化以及身體上與精神上的症狀變化。還要好一段時間才能得到結果。

包含這類事情在內，查特帕迪葉伊博士認為，「我想研究應該也能夠發現阿育吠陀對於關節痛、腸胃疾病等其他慢性病或者非感染性疾病的有效性吧。」看來是時候好好溫故知新了。

在小麥的主要產地，追求終極主食

——烘焙科學（美國・堪薩斯州）

堪薩斯州是小說《草原上的小木屋》背景所在地，正如同小說之名，這裡是一整片無邊無際的平坦草原生態系，而矗立在這大草原上的小小城鎮，有一群埋頭努力烤麵包和烘焙點心的學生們。而且還刻意烤出一大堆失敗作品。

這裡是堪薩斯州立大學的烘焙科學與管理系，專門研究麵包及點心製作的科學。「實習的時候製作那種有如料理教學成品般的美麗麵包，對我們來說沒有什麼意義。我們就是要讓大家做一大堆品質不好的產品，藉此達到學習效果。」教導學生們的艾莉莎・柯克爾博士如此明言。她自己也是在這個學系取得博士學位，又在巴西累積許多工作經驗以後回到堪薩斯州，自二〇二一年起就任該大學的副教授。

要學生製作大量品質不良的產品，是為了讓大家學習若要以工業手法生產麵包和烘焙點心時需要的重要要素。實習當中會用正確的食譜做一個成功的麵包或點心，接著開始變更材料或者成分比例等，嘗試製作各式各樣不同類型的失敗作。接著在比較失敗作與成功作以後，好好記住正確材料能夠達成什麼樣的效果。

會在大學裡教如此冷門的學問，與堪薩斯州出類拔萃的小麥生產量息息相關。由於有小麥生產的基礎，當地自然也相當盛行小麥粉製粉、烤麵包和烘焙點心等產業。為了要培育這些能夠引領麵包業界的人才，就設立了烘焙科學與管理系。全世界都在製造麵包和烘焙點心，每個企業都開發出各家獨門技術，但這裡以小麥一大生產地的地位所進行的研究和教育，可說是支撐著全世界的麵包及烘焙點心產業。

大器晚成型的地方產業

堪薩斯州的小麥產業簡直就是由涓涓細流匯集成大海的努力範本。

雖然堪薩斯州現在的小麥生產量每年都是站穩美國第一或第二名寶座，但過去可不是這樣。堪薩斯州是從一八三九年開始生產小麥，由於往西部開墾的人們開始在堪薩斯州栽培小麥，定居在此的開拓者也逐漸增加，進而將栽培地區推廣到整個州。對於小麥來說，堪薩斯州的夏天實在太熱了，並不是非常適合種植小麥的土地，不過一八七四年時來自東歐的移民帶來了冬季也能種植的小麥，因此小麥的生產量也得以緩緩增加。雖然堪薩斯州的小麥田曾屢次遭到沙塵暴、害蟲等毀滅性災害，不過由於國家開始給予農業研究輔助、農業機具改良及機械化，同時積極改良品種等事也在背後推了一把，終於讓堪薩斯州逐漸站上巔峰。

現在堪薩斯州每年小麥的生產量差不多可以生產出三百六十億斤的麵包，這幾乎能夠讓全世界人口吃兩星期了。

小麥產業發展的幕後推手是大學

堪薩斯州立大學的烘焙科學與管理系，是設立在糧食科學與工業學院之下。在歷史上，這個學院對於堪薩斯州的小麥產業成長扮演了相當重要的角色。

雖然說是小麥產業，但堪薩斯州在開始種植小麥以前，在小麥製粉方面就很有名聲了。

於糧食科學與工業學院長年執教鞭的胡利亞．多爾根博士表示，要把小麥處理成粉末的步驟意外地相當多，並不是單純像磨咖啡豆那樣只需要把東西磨碎就好了。首先，就像米類需要碾米，小麥顆粒也需要透過這個步驟把「好吃的部分」拿出來。再加上小麥和其他穀物相比，製粉的流程非常複雜，在前置工作中必須泡水、研磨、研磨之後還要過篩等等，為了分離完畢得執行好幾個步驟。而要做完這些流程，就需要五層樓高的巨大建築物。

一九一〇年設立了專注於小麥製粉的學系，之後又因應產業需求而設立烘焙相關學系。另外，也有專門處理家畜餌食用穀物的學系，這三個學系分別支撐著地方產業。現在於糧食科學與工業學院當中執教鞭的研究者們大多是憑藉穀物研究或穀物相關產品研究而取得博士學位，他們也會和當地企業合作進行研究。另外，堪薩斯州立大學所在地曼哈頓市除了糧食科學與工業學院以外，也有美國農業部的研究實驗室，同時還有致力於將最新科學納入業界的美國烘焙學院總部。雖然是個小小的鄉下城市，卻是麵包製作與研究開發的聖地麥加。

在烘焙科學與管理系裡，為了以工業手法製造麵包和烘焙點心，因此主要學習內容包含小麥如何與其他材料產生哪些化學反應，以及關於業界的各種廣泛知識。多爾根博士表示，「就算是一樣的材料，也會因為環境而發生全然不同的反應。畢竟這些要素包含了溫度、pH、鹽分等等，因此要徹底理解化學反應之後，才能夠製作出心中規劃的那個產品。」

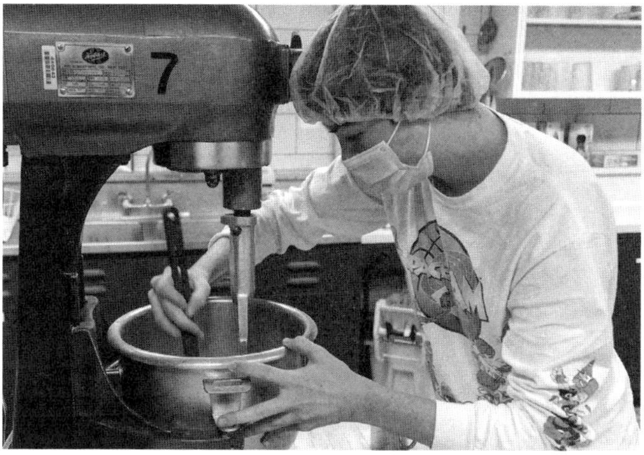

正在進行海綿蛋糕的實驗。嘗試改變材料是否會對生產流程或品質產生什麼樣的影響（照片提供：Kansas State University）

和點心專業學校不同的是，這些畢業生們並不是直接去做麵包，而是走向大量生產用的新商品開發、生產線管理者、品質管理者或者材料調配等職業路線。畢業生幾乎都是前往將麵包和烘焙點心賣向全世界的國際企業，由於專業性質相當高，因此平均第一筆薪水（年薪）折合日幣算起來大概是七百萬日圓，比該大學的工程系還高了將近二〇％。前來就學的學生們幾乎都是當地的學生，但就像柯克爾博士本人一樣，大家會飛往全世界。一旦成功就業，由於身具豐富專業知識，聽說出人頭地的速度也很快。完全就是地方大學催生的冷門領域精英。

有點難搞的小麥

這個學科處理各式各樣使用小麥做出來的食品，包含蛋糕和餅乾等。要製作這些麵包和烘焙點心，首先必須從想要什麼樣的口感來選擇適合的小麥粉開始。柯克爾博士做出以下說明：「在不同產品當中，小麥所扮演的角色也是完全不同的。以麵包來說，小麥是主角。麵包的材料是小麥粉、水和酵母，因此麵包的樣子完全取決於小麥。另一方面，如果要做蛋糕，那麼就需要砂糖，而砂糖會將小麥的性質完全轉換成其他樣貌。另外還會加入油脂和雞蛋，而以蛋糕來說這些材料能對於成品的樣貌產生較大的影響，所以小麥就只是個配角罷了。在麵包當中，小麥當中的蛋白質對於形成麩質有著相當重要的功效，但以蛋糕來說，必須要盡可能降低麩質形成，否則會有損質感。」

鹽也是個好例子。「鹽雖然不會影響味道，但是會大大左右麵糰的發酵方式，還有烤出來之後的口感。為了因應消費者需求而開始試圖製作減鹽麵包的時候，麵包公司們可是大為煩惱呢。」柯克爾博士回想著。麵糰裡雖然只會放一點點鹽巴，但若與理想量相比多放了點還是少放了點，質感就會完全不同，這樣就無法使用機械生產，又或者是導致麵包容易發霉等，在工業上就變成不能使用的麵糰。多爾根博士也說：「最近雖然提倡食品需要減鹽，但減鹽這件事情可不是簡單把鹽巴量減少就好了。正因如此，我們更需要從化學觀點來理解鹽巴的角色，在減鹽的時候，麵糰會發生什麼樣的反應、有沒有什麼能夠代替鹽巴的東西等等，要有能夠思考這些事情的能力。在實習的時候要做失敗作，是因為要理解失敗作究竟是為何失敗的，藉此學習正確的化學機制。」

由於課程中會進行實習，因此前往義大利留學的學生也帶來了相當有趣的伴手禮故事。同執教鞭的亞倫．克蘭頓先生說：「在義大利的托斯卡納，那個地方所製作的麵包沒有用鹽。毫不知情的學生去了那裡，回來以後告訴我們說：『老師，我在實習的時候做過沒有加鹽的麵包，所以馬上就知道哪裡不對了！』」托斯卡納地區的麵包食之無味且口感乾巴巴，因此非常適合用來搭配口味較鹹的生火腿、或者搭配燉煮菜色，然而這對於學習美國式麵包的學生來說或許覺得是種錯誤吧。話說回來，光用吃的就知道少了什麼，真不愧是該專業出身的學生。

與企業相輔相成

糧食科學與工業學院原先就是在業界寄望下設立的學院，因此也與業界密切配合。通常是企業提出問題，而教授們就針對該問題組成一個應對小組。另外，為了訓練學生而送他們去打工或者實習，除了在學生就業方面能夠為他們累積有利的經驗，同時對企業來說也能夠增加人手，可說是雙贏的狀態。除此之外，企業在大學校區內建造了十億日幣等級的製粉廠和飼料工廠，也提供了使用在研究和教育上的機器。可見他們有多重視糧食科學與工業學院的教育。

烘焙學的教授們一直都有在運作的企畫小組之一，包含了新小麥品種的實驗。「進行品種改良的農學系研究者在研究的時候，觀點是放在提高小麥收穫量、容易收成這些方面。但究竟這樣開發出來的小麥品種，其生產出來的小麥拿來製作麵包或烘焙點心時，能夠得到什麼好處嗎？是否會比較好烤嗎？能夠確實發酵嗎？這些就必須由我們來做實驗了。」柯克爾博士說著，「過去還曾經有為了感謝糧食科學與工業學院教職人員的貢獻，而用教職人員的名字來為新品種命名的例子。」

客人是上帝？

在這樣重複研究之下，麵包業界就能夠開發出創新的產品，又或者是配合市場需求打造出新的商品。

食物其實也有所謂的流行和過季，消費者想要的東西總是無時無刻在變化。每一次，麵包企業不僅要改變麵糰的材料外，還得大肆更動製造流程、使用的機械以及保存方法等。有些國家或許會喜歡那些新款式，但要是賣不好的話就更糟糕了。「在我的職涯中，曾經遇過美國大走低碳水化合物風潮的時期，也曾遇過添加蛋白質產品就熱賣的潮流，現在流行的則是生酮飲食。雖然大家的目標都是吃得更健康啦……」克蘭頓先生如此感歎。

特別讓業界煩惱的就是流行無麩質的那段日子。如前所述，麩質的形成正是麵包樣貌的推手，說什麼不要麩質，那等於是要他們憑空變出麵包。多爾根博士說：「基本上來說，沒有麩質就做不出好麵包，不過面臨這種要求的時候，如果製作者具有材料本身機能相關知識、知道材料之間會發生什麼樣的反應，還是可以跨越那道難關。」靠著糧食科學與工業學院的研究和麵包業界各公司的合作，最後使用米粉、木薯粉和杏仁粉等不含麩質的澱粉打造出了無麩質的麵包。

就像這樣，一個小小的鄉下城鎮，支撐了全世界的麵包業界。克蘭頓先生說：「我們的煩惱就是這門學科過於冷門、認知度太低，但需求卻相當高。明明幾乎所有學生一畢業就能夠找到工作，但這個學科卻連招生人數都沒收滿。實際上整個業界也期望能夠雇用到更多像我們的畢業生這類擁有專業知識的人。」

今後還會有什麼樣的麵包和烘焙點心風潮呢？讓我們期待畢業生們的創作吧。

專欄

小麥的美白難如登天

若要以工業手段來生產大量麵包，那麼大致上的流程是全世界共通的，不過還是會根據消費者喜好以及時代潮流來稍微調整流程內容。比方說，日本的吐司麵包。

為了要打造出裡面白拋拋的吐司，就需要白到不能再白的小麥粉。克蘭頓先生說：「為了要做出那種白色，日本的製粉大廠和大型麵包企業，都有各自的獨門技術。」多爾根博士也表示，「為了要打造出顏色絲毫沒有一點誤差的全白小麥粉，就得要把雜質完完全全清乾淨，想當然爾必須增加製粉的步驟。」運到製粉工廠的小麥通常會夾雜著樹枝、石子、來路不明的垃圾、其他穀物、品質不佳的小麥等等，真的是什麼都有。「在步驟上做得愈精細，就能夠分離出非常漂亮的白色小麥粉，但是流程增加就表示勞動力也得跟著增加，而且也必須要有能夠吸取小麥那輕飄飄外皮的高價淨化器。即便如此，因為日本的消費者就是要追求純白，因此日本的製粉企業就算花錢也得要增加工作步驟吧。」

各大製粉公司敬啟：真抱歉我們這麼任性，真的是非常感謝你們。

持續一萬年的最佳化

——羊隻暨羊毛研究（澳洲／紐西蘭）

羊隻是與人類相處最久的動物之一，牠們在一萬兩千年前後成為家畜，之後人類活用其肉、羊奶以及毛皮。一開始人類只是把羊毛割下來之後，將一整片毛茸茸的毛皮披在身上禦寒，但至少在西元前三千年的美索不達米亞文明中，隨著織布機的發明，羊毛就已經被活用在上至外套下至靴子等各式各樣服裝用品上。

之後又過了五千年。成為羊毛料主要產地的是澳洲和紐西蘭。在英國殖民時代，由於英國帶來了食用羊隻，經歷一番曲折後最終成為國家的一大出口商品；而在世界大戰及韓戰爆發的時候，各地為了製作軍服和毛毯而使羊毛需求量大增，來到全盛時期。然而，之後因人工纖維的興起，羊毛產業也逐步縮小。在過去二十年，人工纖維的生產量已經增長兩倍，而羊毛料的需求和生產量也隨之降低。當中最大的因素之一，就是正式的禮服需求減少。全世界的羊毛有一半使用在衣物上，當中大多用來製作毛線外套或者西裝。由於現今大家在職場上也喜歡穿比較輕鬆一點的工作服裝，這點也造成西裝的需求持續下降，之後又因為新冠肺炎導致大家在家辦公的情況增加，也就更不需要西裝了。如今羊毛料只佔全世界纖維供給的一％。

業界的繁榮與衰敗，也反應在教育機關上。澳洲於一九五一年羊毛風潮正盛的時候，在新南威爾斯大學設立了能讓人取得羊毛相關學士稱號的學科。然而這個學科在一九九七年就已經停止招收新生。

不過為了要拓展知識、創造出羊毛的新價值，大學、公家機關以及業界團體還是會互相合作。澳洲在二〇〇一年以後，雖然沒有任何一間大學自己能夠確保設立羊隻及羊毛相關學科的教職人員數量以及學生數量，但是大學們聯合起來還是能夠提供教育課程。二〇一六年以後，為了讓全職工作者也能夠輕鬆加入，就改成以線上授課為主，由新南威爾斯大學主持並提供教育內容。在紐西蘭和美國也是一樣，雖然零零星星但也是持續有教育單位提供相關課程。研究者們也為了改善業界而持續奔走。

加工前的羊毛，是一年沒洗的毛毯

羊毛料來自羊毛，是以工業生產出來的東西，但來源是活生生的動物。動物的營養狀況、健康管理等會因為動物所處環境下的成長方式及其他條件而有所改變。同時還會因為年年相異的天候狀況，左右最後的羊毛性質。舉例來說，在降水量低的年份中，牧草地上的草難以生長，結果影響羊毛加工中的梳毛流程，造成纖維強度跟著下降。或者是羊隻發燒、因為寄生蟲而生病等情況的話，毛可能會變得非常細。無論羊隻周遭的環境如何變化，生產出能在工業流程中加工的羊毛，就是羊隻農家的使命。

順帶一提，即使到現在，剪羊毛這個工作還是得要手工進行。一般來說十二個月才能剪一次羊毛。這個工作是由剪羊毛的專業人士來做，到了剪羊毛的季節，他們就會拿著剃刀一口氣把農場裡面羊隻的毛都剪下來。當然品種及羊隻年齡會造成差異，不過專家最快大概一分鐘就能剪好一隻羊的毛。如今為了因應勞動力不足，因此正在開發用來剪羊毛的工業機器人。

把羊毛加工成羊毛料之前，對於價值會產生重大影響的，就是最終能拿到的羊毛

評鑑羊毛的比賽（照片提供：South Dakota University）

量、毛的粗細、長度以及強韌度。愈是纖細、夠長又強韌，價值就愈高。這是因為纖細的毛料觸感比較好，而又長又強韌就表示加工的時候會比較輕鬆。另外，這些特徵如果在同一匹羊身上不夠一致，那麼要拿去生產線前的加工就會變得非常麻煩，價值也就會下滑。

在處理羊毛的教育課程當中，通常會教大家如何評估加工成羊毛面料之前的羊毛品質，在美國甚至有針對高中生及大學一年級學生設立的羊毛鑑定大賽。這個比賽會發十五到三十種左右的羊毛，根據目視以及手去觸摸來為其價值評估等級，然後比賽誰的正確性最高。而贏家多半是出自羊毛生產量為美國第一的德克薩斯州。

羊毛差不多就像是披著毛毯在外面的草地上來來回回走一年之後才剪下來的東西，因此除了累積一年的油膩膩皮脂以外，乾掉的汗水也會沾黏在毛料上，另外還會混入沙子、泥土、灰塵、草和種子的碎片等東西。從羊隻農家批發來的羊毛，交貨的時候就是那種狀態。之後會清掉汙垢，然後才加工成毛線或羊毛料產品。從加工前的狀態就能夠目視得知最後大概能夠得到多少價值的羊毛料，那麼羊隻農家也就可以自己計算羊毛的價值，並且建立計畫來尋求繁殖出更好的小羊。另外，買家也可以藉由評鑑來選擇最接近其需求的羊毛。羊毛的評鑑大賽正可以說是化為遊戲的菁英教育。

對羊毛來說，最重要的就是羊的肌膚

目前飼養作為羊毛料用的羊隻，是過去兩百年來經過人類繁殖打造出來的產物。

能夠加工出輕盈而溫暖的美麗諾羊毛的知名品種美麗諾羊，牠的毛也與一百年前有極大的差異。在開始進行品種改良以前的羊隻，纖維相當粗糙、顏色斑駁、強韌度低，甚至在季節來臨的時候就會隨意掉毛，纖維當中甚至可能是空心的，大概是這樣的情況。而且毛的密度也偏低，因此羊毛生產量相當低。也就是說，與其說是羊毛料，不如說就是「毛」而已。而如今又是如何呢？過去羊毛的直徑範圍在三十～一百二十微米，現在如果是用來做成超細羊毛料的品種已經細緻到只有十～二十微米，顏色也變得白皙許多而容易染色，甚至毛本身不等人來剪就不會掉，因此辛苦生長出來的毛絕不會浪費、可以完整收集起來。

這幾十年大家更加深入理解的，就是能夠長出品質良好的羊毛的羊隻毛囊具有什麼性質。羊毛的纖維粗細、是否整齊、生長長度、強韌程度等性質，全部都取決於每隻羊各自的毛囊。而這是羊隻在胎兒時期就決定好的。在皮膚生長階段，毛囊的數量和密度就已經確定，若是母羊的營養狀態不良，那麼小羊皮膚上能夠形成的毛囊數量就會變少。也就是說，如此情況下出生的小羊，一輩子能夠長出並被人類拿走的羊毛量就會減少。相反地，營養狀況良好的話，小羊毛囊的數量就會增加，而為了提高皮膚上的毛囊密度，每個毛囊的尺寸就會變小，這樣的話就能夠得到較為纖細且價值高昂的羊毛。

二〇一三年以後一路以來的研究終於讓事情真相大白，羊毛料那種刺刺的觸感是因為羊毛本身太粗所引起的；而在二〇一四年解讀了羊隻基因以後，也開始逐步理解遺傳因子與牠們身體特徵的關係。令人期待今後能將這些資料活用在品種改良以及擬定繁殖計畫上。

先讓牠們健健康康吧！

為了要提昇羊隻農場利益，目前最為重視的就是小羊的存活率，尤其是提高雙胞胎甚至多胞胎的存活率。會這樣說是因為小羊在離乳前就死去的機率，在全世界都受限制因子[1]影響。即使在遺傳學、營養學或者管理層面上都已經有各式各樣發現，然而過去四十年內，小羊的死亡率仍然是十五～二〇%。這是其他家畜的好幾倍。而雙胞胎甚至三胞胎，由於出生的時候會比單胎的身體小很多，因此死亡率也就更高。

澳洲梅鐸大學的研究者們花費二十年不斷尋找最佳做法，在這個過程當中為羊隻農家設立了兩種教育課程。參加這些課程的羊隻農家成功讓一隻羊生下的小羊數量增

1 影響生物繁殖的要素。

加了七％以上。或許大家會覺得這數字太少了吧，但以數量來說，等於是每年多了一百萬隻小羊存活。

現在受到大家矚目的，就是群體大小與存活率的關係。二〇一六年由梅鐸大學主導開始的研究中，調查了澳洲各地共八十五間農家，發現群體的羊每增加一百隻，雙胞胎小羊的存活率就會減少二．二五％。相反的若是懷了雙胞胎的羊所在的群體減少一百隻羊，那麼便可指望改善一．一％～三．五％的存活率。實際上要活用這個理論，就必須請羊隻農家對懷孕的母羊進行掃描，確認母體是否懷了兩隻以上的小羊。

紐西蘭梅西大學的研究者們也認為，懷孕初期的營養狀況與小羊的存活率息息相關，因此他們也建議，為了要優先提供營養給懷有雙胞胎甚至多胞胎的羊隻，必須要進行掃描。雙胞胎或三胞胎的羊隻胎兒進入懷孕後期會需要大量營養，由於需要的營養量實在太高，母羊甚至根本無法在物理上從飼料中取得足夠營養。所以在懷孕初期牠們就會盡可能吃多少算多少，然後儲存成脂肪以利在懷孕後期能夠作為營養提供給小羊。

除了存活率以外，研究單位也會進行品種改良來嘗試改善獲利。為了提高群體生產性，讓最適合的公羊與母羊交配算是基本方法，不過意外的是，很常看到羊隻農場就算知道小羊的父親是哪一隻，也常常搞不清楚牠們的母親是誰。梅鐸大學的團隊做了一個簡單的裝置以便輕鬆找出小羊的母親，他們使用藍芽工具，只要接近就會有所感應。在母羊的脖子上放訊號機送出訊息，而小羊身上則裝接收器，然後追蹤哪隻母羊和哪隻小羊在一起的時間最久。這個方法配對母羊和小羊的正確率達到九五％。如此一來，就可以根據農場的目標培育比較能夠獲利的小羊，可能是希望羊隻快速成長、又或者是生產更多羊毛等。尤其是近年來，羊肉遠比羊毛料還要能夠快速獲利，因此以飼養食用羊隻為優先的羊隻農家也變多了。連結母與子的技術，多少能夠幫助農家培育具備自己所需特徵的小羊。

羊毛料的今後

西裝等過去需要羊毛料的市場如今已不見成長，比較有潛力的就是被稱為「next to skin knitwear」（直接接觸肌膚的毛料服裝）那類商品。雖然羊毛料給人一種外套的感覺，不過next to skin的商品是直接接觸肌膚的類型。將羊毛料的強項如透氣、防臭、可吸收水分後蒸發等性質當做賣點，用來作為床單、膚質敏感者穿的內衣、運動用內衣等。不過因為會直接碰觸肌膚，所以當然不可以刺刺的。纖維超過直徑三十微米就會讓人覺得刺刺的，因此必須使用低於十八微米的細緻纖維產品。這樣細緻的羊毛料有九五%是澳洲生產的，因此對於澳洲來說是佔有優勢的大好機會。

然而要推銷這類商品的時候，難關還是價格問題。羊毛料和人工纖維相比，生產成本為四到七倍。如果羊毛料產品要能夠符合成本，那麼價格設定上必然會比人工纖維產品高出許多。也因此，next to skin商品必須講求高級感，而今後的客群很可能是目前持續增加的亞洲中產階級。目前從澳洲出口的羊毛料已經有七成都去了中國。

除了新的市場以外，澳洲的業界團體及研究者也試圖開啟羊毛料的新價值。也就是打出了「羊毛是環保商品」的招牌。那些將永續列入理念的產品近年來相當受到歡迎，因為他們抱持的態度是「穿著使用聚酯纖維等合成纖維製造的衣服，就等於跟穿著塑膠沒兩樣」。由於聚酯纖維非常容易產生毛球，因此清洗衣服的時候就會變成塑膠汙染的源頭。實際上這的確是一個相當嚴重的問題，目前在全世界海洋上漂流的微型塑膠粒當中就有三五%是使用人工纖維製作的衣物造成的。

在二〇一九發表的研究當中進行了以下實驗。研究調查海水中羊毛料和人工纖維會如何分解，發現羊毛料在三個月內已經分解了二〇～二三％，然而人工纖維最多也只能分解一％。以「能夠自然分解的羊毛比較環保」這點作為商品訴求的話，或許能夠打動環保意識較為強烈的消費者，重建羊毛料的品牌感。

想來往後羊毛料大為活躍的地方應該也會逐漸轉變。從幾千年前過去就存在的羊毛料，想必會改變樣貌，但繼續豐富我們的生活吧。

專欄

羊隻保鑣

在美國，郊狼攻擊牧場已成重大問題，因此除了管束羊群的牧羊犬以外，牧場內也會有能夠保護包含羊隻在內的家畜不受捕食者傷害的保鑣犬。保鑣犬與那些能夠控制群體行動的牧羊犬不同，牠們會混在群體中一起行動。保鑣犬通常會選擇身體較為龐大、不會被羊隻誤認為狼而使牠們感到害怕的白色犬種。為了保護家畜群體，最重要的就是狗對家畜感受到的「羈絆」，而在幼年時期就與特定種類家畜或品種形成強烈羈絆的保鑣犬，長大以後對於其他動物種類或者品種也比較難以形成同等的羈絆。

weird research

Part4

日本也有！奇妙研究

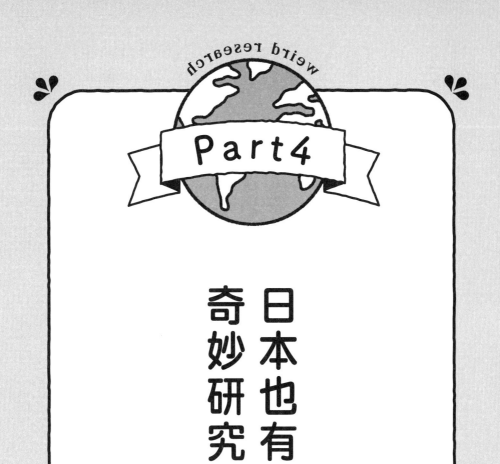

以軟技能來說，現代人也能成爲忍者？

——忍者暨忍術學（日本．三重縣）

在忍者整理的忍術書當中，有本名著叫做《萬川集海》（一六七六年）。其中有許多如下列提到的宗旨。忍者應當有正道之心，而正道之心即為恪守仁義忠信。陰謀或欺瞞等事，對忍者來說是相當不妥的姿態；不可為私慾而使用忍術，那種行為與竊盜之人相同。除忍者本人外，其妻小及親人也皆應抱有正道之心。而且處事溫和、義理深厚、少慾而好理學、行事端正、不忘恩義皆為忍者必須具備之要素。忍者絕非冷酷欺瞞他人的專家，可以說他們理想的樣貌是有著凜然端正之心與團隊精神的人。

三重大學的國際忍者研究中心副所長山田雄司博士說明，忍者有時候擔任城堡的警備人員、有時候是戰鬥人員，也有些時候是以間諜身份行動，負責收集情報。

「提到其他國家的間諜，總給人一種冷酷又沒血沒淚的感覺，但忍者所處的世界可是充滿人情義理。他們對那位向自己下令的武將是抱持著忠誠心在工作。基本上來說，大多是許多人一起經過縝密的事前計畫，然後一整隊人一起潛入去收集情報。」

除此之外，還有許多忍者不為人知的真正樣貌，接二連三被國際忍者研究中心的研究者們逐一揭露。比方說那套黑色服裝，大家覺得應該就是忍者制服，對吧？其實真正的忍者根本沒有什麼制服，他們平常會打扮成農夫的樣子，而收集情報的時候則像間諜那樣，假扮成旅行藝人或者僧侶。穿著黑色服裝的忍者一開始是出現在十八世紀初期的歌舞伎舞台上，為了讓觀眾遠遠看過去也能知道那個角色是忍者，所以才會出現固定的忍者裝扮。同時也沒有史料證明忍者會用手裏劍，所以這是後世打造的虛構武器。當然也沒有所謂的女忍者。就跟歷史上沒有女性武士一樣，女性忍者出現的紀錄是從昭和開始的。雖然利用女性來收集情報被稱為「女忍者之術」[1]，但那並不表示該女性是以擔任忍者為生。

1　原文「くノ一の術」，くノ一（Kunoichi）是將「女」字拆解成三個筆畫，以平假名的「く」、片假名的「ノ」和漢字的「一」組成。

除此之外，他們還分析了忍者當成攜帶用糧食在吃的兵糧丸成分，並且加以重現；與腦科學家合作分析忍者呼氣可以長達一分鐘的呼吸法「息長」的效果；也曾和運動科學專家配合，分析忍者能夠一天步行長達兩百公里的祕訣，以現代科學的力量來進行研究。舉例來說，在忍者步行的研究裡，是拿普通人一般使用後腳踢腿的步行方式，與忍者特有的著地時放鬆膝關節的步行方式進行比較，測量肌肉活動量以及來自地面的反作用力。如此一來，就發現忍者的走路方式會使大腿肌肉活動量增加將近四倍，這讓比較容易疲勞的小腿肚不需要活動的那麼頻繁，而且這種移動方式不太需要減速、效率比較好，因此能夠在減輕疲勞的同時快速行走較長的距離。以這些研究為始，似乎有不少能夠供現代人參考的教誨。

自日本史研究隱身的忍者

三重大學是於二〇一二年開始研究忍術學。之後在二〇一七年設立國際忍者研究中心，翌年又在研究所設立忍者暨忍術學專業科目。研究所的實習就跟過去忍者所做的一樣，在伊賀山中為了避免被敵人發現而採用低姿勢行走、爬過草叢、用繩索編織梯子攀爬或垂降懸崖這類，在草木叢生、處處皆有石子的環境中重現忍者的行動，也曾被媒體報導過。通常大家都會著眼在這類讓人覺得有趣的事情，海外媒體也曾報導「能夠成為忍者的專業學科就在日本三重」之類的，不過山田博士針對實習是這樣說明：「就算閱讀忍術書，也會發現有非常多只寫著『口傳』（僅以口頭教授）的部分，因此關於忍者的事情有很多是光憑閱讀無法理解的。他們在六歲的時候就要拜師，接受繼承忍術的人的教導，因此了解忍者使用身體的方法是非常有意義的。」

在山田博士開始研究忍者以前，幾乎沒有人做過忍者的研究。而他會踏入這個無人開拓的學問領域，是由於三重大學採取新的方針，希望能對地方文化有所貢獻。學校相當明白，要作為地方大學延續生存，就必須要進行一些與當地息息相關的活動。

「忍者是全世界知名的，明明也出了許多書籍，但其實根本沒有什麼確實的研究。市面上充斥這麼多書籍卻沒有寫出根據從何而來。如果大學開始進行研究，就能夠一項項解析出『在這裡有這樣的證據，所以我們可以說就是那樣』，研究忍者其實就是研究日本文化的基礎，因此學校便推動了忍者研究。」山田博士回想著。

「在二〇一二年剛開始研究的時候，我也想著忍者根本沒有留多少資料下來，這能研究嗎？但是伊賀（三重縣伊賀市）有伊賀流忍者博物館，那裡其實收藏了許多忍術書。先前好像都沒有對外展示，沒想到他們自己前來聯繫『如果三重大學要研究，就請全部拿去閱覽』，所以我們把忍術書都拍了照，然後從解讀文獻開始研究。」

不可對外言說的忍術

忍者的研究總之得先從閱讀忍術書開始。

山田博士推測，「約莫從大正時代起就有忍者研究，但我們最容易使用到的資料《萬川集海》在大正時代還沒有發現。據說持有忍術書的人是不能給別人看那本書的，所以我想一直到大正時代，家裡有忍術書的人也還是遵守前人教誨，始終沒有讓別人知道自己有書。」

到了昭和二十年代左右，《萬川集海》現世，忍者的研究才比較正式。然而上面記載的內容，大多是為了吸引大眾目光而寫。「我們研究者對於史實上的東西，通常都會寫成『根據這邊的說法，所以……』，但是以前留下的紀錄我們不知道根據何在、是否真有其他地方是這樣寫的。畢竟也是時代不同，所以研究方法不同。我自己的基礎是史學，就算以前的文獻上面寫了什麼事情，也還是得從其他資料去確認到底是否為事實。不過以前的人似乎認為只要有什麼地方曾經有寫過，那就是正確的。」

比方說忍者的起源。過去的文獻大多寫著「從聖德太子的時候就有忍者」，但根據卻是來自江戶時代忍術書上的資訊。然而，那應該是忍者為了要表示自己的文化淵遠流長，所以才在忍術書裡面寫下「我們的根源是來自古代有名的聖德太子的忍者」，但與史實並不相符。從學術角度上能夠明確成為事實的，是南北朝時代撰寫的《太平記》，這個作品裡面出現了忍者，所以能肯定南北朝時代就有忍者。然而，過去的研究文獻似乎只因為「江戶時代的忍術書上這樣寫，所以忍者從聖德太子時代就有了」便接受這種說法。

這類從忍術書上發現的內容中，還記載著忍者作為緊急糧食的兵糧丸製作方式、火術等感覺能夠進行實驗的項目，此時就會與理科的教授們合作，提出「要不要真的來做實驗？」然後試著重現書籍內容。以兵糧丸來說，後來還衍生出使用兵糧丸成分開發的餅乾商品。

在自立自強的世界中生存

閱讀忍術書逐漸能夠理解的並非只有術法本身應該如何操作，也包含了忍者應當要有什麼樣的人品、還有各種軟技能的智慧。「忍術書上寫著忍者平時就應該多方面認識不同的人，而且平常就要與他們聯繫，這件事情非常重要。這樣一來就能夠得到各式各樣的資訊，也能夠明白各種見解及思考方式。我想這對於現代人來說也是很重要的事情吧？」山田博士說，「忍者大為活躍的中世紀日本，完全就是一個必須自立自強的世界。例如，雖然在現代去法院就能請法官以公平公正的方式進行裁決，但是當時的情況必須要賄賂一下認識的人，或者平常就跟對方保持良好交情，對於許多事情都比較有利。如果遇到困難，那麼認識的人自然會來幫忙，在那個世界正因為人們有朋友，社會才能運轉。忍者的世界完全就是那樣。現代人周遭也有許多東西，像是網路資訊之類的，但其實明明與自己身邊的人商量更多事情會比較好。如果遇上一些困難，那麼能夠有所體諒並且協助你的也會是感情比較好的人，我從忍者身上學到的就是，我們也應該要建構這樣的人際關係。」

所有忍者研究的原點都在於忍術書，然而要找到書籍卻不是那麼簡單。山田博士說，東西幾乎都留在伊賀和甲賀（滋賀縣），通常都是忍者的末裔才會持有書籍。雖然到了江戶時代有許多藩[2]雇用忍者，即使如此，忍者還是大多出身伊賀或甲賀。因此，找到的幾乎都是伊賀或甲賀的忍術書。

忍術書的數量不多，是因為原先並沒有所謂忍術書這種東西，他們根本沒有準備這類書籍讓人閱讀並且繼承。忍術書是在十七世紀中期前後才開始撰寫，在那之前只有兵法書中會稍微提到一點忍術。畢竟忍術原先是在有實際戰鬥的時候才會由父親教給孩子的東西，然而到了十七世紀中期，因為沒有戰爭，也變得不再有實際操作的經驗。忍術就像能樂或歌舞伎，其中的動作並非單純背下文字，而是需要看著實際操演然後記下來，忍者的世界也是如此——由於傳承的機會減少了，所以才開始寫下來留存吧？山田博士是這麼認為。

2 日本江戶時代的地方行政單位。

而面對這種情況較為有利的地方，就是國際忍者研究中心就坐落在伊賀。山田博士說：「光是在伊賀這裡，就有好幾次祖先是忍者的民眾拿著資料來說『家裡有這個東西……』。」研究中心並不是在三重縣津市這個地區[3]，而是位於忍者聖地的伊賀，在此地進行研究的同時也產生了莫大的宣傳效果，回過頭來也對研究有所幫助。

應該還有其他忍術書

二〇二二年的現在，山田博士正在處理的是解讀美國國會圖書館收藏的忍術書。那是戰前在日本陸軍參謀總部的資料，由ＧＨＱ[4]接收後就被帶到美國去了。雖然世界上其他地方有忍術書這件事著實令人感到驚訝，但山田博士也因此認為日本各地應該有還沒被發現的忍術書。

「想來日本國內應該還有很多資料才對。再加上各藩資料中也有寫到忍者的事情，我甚至會想著，為什麼以前都沒有人想到要研究忍者呢？但以前提到忍者，總是會被貼上一些怪裡怪氣的標籤，可能是因為這樣才沒有人去研究吧。不過也因為是幾乎沒有人著手的領域，由我們來開拓也就有很多事情能做，這點倒是挺高興的。」山田博士如此表示，「仔細研讀在日本各地零星找到的資料，就會發現內容不盡相同。每個地區會有自己的做法，找出其中的差異也非常有趣。比方說，在調查長野松代藩傳承的真田忍者忍術書時，就發現他們會在兵糧丸裡面添加蕎麥粉。馬上就讓人想到，唉呀，因為那裡是信州嘛[5]！像這種東西具有當地獨特性，同時除了忍術以外，組織結構等也沒有一致性，如果能夠分析出每個地方獨門的方法應該很有趣吧。」

忍術並不是一種怪異的行為，而是關乎一國存亡的重大任務。研究過去要背負這些責任的忍者一事才剛起步，要做的事情還有很多。生活在幾世紀以前的忍者們，一定還有更多能告訴我們的事情。

3 三重大學所在地為三重縣津市。
4 日本戰敗後由聯合國設置在日本的司令部。
5 長野縣信州的名產即為蕎麥麵。

日本人無法不受動畫的影響嗎？

——動畫研究（日本・神奈川縣）

野生的七龍珠大叔出現啦！

……每次去國外的觀光勝地，我都忍不住這麼想。我這裡說的七龍珠大叔，是指穿著七龍珠T恤、或是戴著七龍珠帽子、甚至是身上刺青圖案是變身成超級賽亞人的悟空，總是會遇到一兩個這樣的人。

由於國外粉絲也如此熱衷動畫，日本才注意到動畫文化的價值並開始進行研究。會這麼說是因為動畫和漫畫在至少二十年前幾乎都還沒有被找出什麼學術性的價值。轉機是在網路開始普及的九〇年代末期降臨的，日本動畫學會會長、日本橫濱國立大學教授須川亞紀子如此說明：「九〇年代末期～二〇〇〇年代初期，正是國外認為動畫是酷日本文化之一，開始有許多人沉迷其中的年代。日本或許比較無法應對外來壓力，在這樣的趨勢下也不禁認為或許動畫真的具有其學術價值。就在以貿易獲利的『經濟大國日本』開始衰退而夕陽西下的時候，大家才開始認識到日本能夠贏過其他國家的地方或許是文化內容這類軟實力。」

而為這樣的熱潮點起熊熊大火的正是《七龍珠》、《寶可夢》還有《美少女戰士》等動畫。這些都在海外獲得爆炸性的歡迎。在那之前的六〇年代以《原子小金剛》為始，《鐵人28號》和《馬赫GoGoGo》等動畫就已經進入美國，然而上映的時候觀眾並沒有意識到這些東西來自日本。九〇年代的動畫成功之處在於不是讓大家看過動畫就好，而是將目標訂在讓大家購買周邊產品，這類商品銷售策略運作相當成功，這點也是透過研究才得以明白。比方說，寶可夢的享受方式之一就是大家可以先玩卡牌遊戲，然後再看一下動畫，而且還要買幾樣皮卡丘這類可愛角色的周邊商品。九〇年代末期開始推動這類多樣化娛樂方式的策略時，與動畫相關的商業模式也跟著一起轉變，結果就是全世界的人都愛上看動畫。另外，在同一時期，以前那些被封鎖在日本國內的內容透過網路（尤其是串流網站）傳播出去，變成幾乎世界上所有人都能同時看到那些作品。

阿宅很酷時代

在日本動畫學會設立的一九九八年以前，動畫通常是包含在電影學或影像學當中，只有少數人嘗試做一些研究。比較容易集中大家目光的，就是動畫對於孩童的不良影響這類標題。之後學術團體才將動畫從影像學中獨立出來，單獨作為一門專業。動畫領域剛開始獨立出來的時候，用的是「Animataion」表示讓插畫動起來的意思，主要研究的是如何能讓動畫的動作看起來流暢無礙，而這件事情又與人類的眼睛如何產生關連等。

也就是說，我們在電視上看到的商業動畫要在稍微晚一些時間才會成為研究對象。雖然最初為研究推了一把的是在國外相當受歡迎的商業動畫，然而對商業動畫的研究卻是到了二〇〇〇年代才開始的。

「八〇年代就像是被宮崎勤[1]事件代言一樣，大家都覺得動畫粉絲中的男性有點危險、是有可能犯罪的人，當時的人大多以這種濾鏡來看阿宅。到了九〇年代甚至二〇〇〇年代以後，大家變得能夠稀鬆平常看漫畫或動畫，雖然對於阿宅的偏見不能說完全抹滅，但是以《電車男》大賣的契機，讓大眾可以用較為廣義的角度看待所謂的『阿宅』，社會風氣也變得讓人可以輕鬆說出『我喜歡看動畫』。而在動畫和漫畫成為日常的年代中長大的人開始進行研究以後，相關領域的研究者數量也逐漸增加。

動畫畢竟在國外也很受歡迎，所以有時大眾媒體的報導也會提到『為什麼動畫會那麼受歡迎呢？』這類相當樸實的疑問；又或者是每當有哪個作品爆紅時，也會有人問『這個作品跟迪士尼的相異之處是什麼呢？』為了要更理解這些事情，我們自然能夠發現將這個領域當成一個學問體系、把動畫當成研究對象的重要性了。」──須川教授

1 發生於一九八八～一九八九年間連環殺人事件的犯人，被害者為四到七歲之間的女孩，且手段相當兇殘。由於犯人被警方逮捕時，報導稱其家中有大量的動畫錄影帶，從而加深了人們對喜愛動畫者的偏見。

如此說道。

相較於過往，如今的動畫研究已經變得相當五花八門，大致上來說有動畫表現和業界歷史、故事表達方式、動畫的藝術性、性別表現、觀眾屬性及資訊接收方式、聲音使用方式等等。

以動畫表現為例，生氣時使用的冒青筋符號，究竟是何時、以哪種理由出現的呢？這是日本動畫和漫畫特有的東西，美國漫畫上並沒有。如果是沒有看動畫習慣的人，那麼就會變成4個「く字」湊在一起的神祕符號，很難理解那個角色是在生氣。

再舉個使用聲音的例子。聲音中會使用到「說話聲」、「音樂」、「特效音」，而當中配音員的角色又是如何呢？由女性配音員為少年配音，在日本並不是一件奇怪的事情，但可不是全世界都一樣。寶可夢的第一代主角小智在國外是叫做「Ａｓｈ」，而在印地語系、法語及西班牙語中，Ａｓｈ都是由男性配音員配音。實際上聽過以後，如果是已經非常熟悉日文配音版動畫的人，應該會受到相當大的震撼。目前我們已經得知，日本也不是一開始就請女性配音員來幫少年配音，最初的契機只是因為戰後的廣播劇找不到適合的演員，因此所衍生的結果。

另外，還有其他例子，比方說由動畫衍生出來的二・五次元文化相關研究。所謂二・五次元文化是指介於二次元虛構世界與三次元現實世界之間的文化，例如《網球王子》等以動畫為原作改編的音樂劇、角色扮演以及朝訪聖地等活動。

除此之外，也有使用2D或3D虛擬角色，由背後的人（中之人）來進行直播的VTuber，這也屬於二・五次元的存在。最近由於實在太受歡迎，所以就連公家機關都會請當地VTuber來進行宣傳活動，不過在虛擬角色的形象上若是帶有「巨乳」、「迷你裙」、「水手服」等這類動畫對於少女角色特有的描繪，就容易因為帶給人性騷擾的感覺而引起不少非議。須川教授的提議是，像這種情況下，既然是背後有人的VTuber，或許也應該像會更換衣服的人類一樣在考慮過TPO[2]以後行事，也許就能夠達成更具建設性的合作。

2 TPO指的是Time（時間）、Place（地點）、Occasion（場合）。

動畫研究就是探討自我

須川教授會著眼於動畫，在某方面也是為了探討自我。

「我自己為什麼會成為這樣的人類呢？這是我的疑問。所以我將目光放在從小看起的動畫上。那些在我的認知中強烈被認定是『女孩子的樣子』或『男孩子的樣子』之類的概念，與包含了電視動畫在內的媒體環境之間，存在著什麼樣的關係呢？

孩提時代看的作品、以及與作品相關的玩具等等，會與性別有著密切關係對吧？比方說，如果我幼稚園的時候看假面騎士，就會得到『女生怎麼看假面騎士』這類天真無邪的反應。因為這類事情而對於自己的性別認同有所認知這點，說出來以後就會發現其實很多人都有類似的經驗，尤其是相較於男孩子來說，有非常多女孩子感覺自己受到限制。像是『明明是女孩怎麼不是背紅色書包，這樣很奇怪』之類的。」

須川教授為了收集資訊，所以每一季新動畫的第一集都一定會收看，不過她說現在已經不像從前那樣明顯有著五花八門的刻板印象，也會盡可能避免容易產生歧視的表現方法。

「一方面是那些在教育中學到必須尊重多樣性的一代開始進入業界，另外也是由於SNS的發達，要是一有問題馬上就會引火上身。過往表現出歧視內容的作品馬上就會被罵翻天而在市場上失敗收場，因此現在對表現方面真的都相當謹慎，這類顧慮各方面的作品也變多了。尤其是那些規劃販賣至海外市場的人們，想來都會盡可能在表現手法上不要冒犯到其他國家。

以少女為主角的作品當中，特別受歡迎的像是光之美少女系列，該系列就採取與美少女戰士相同的戰鬥美少女路線，既強悍卻又非常可愛這點相當受歡迎。化妝或換上衣服來進行戰鬥，就是作為賦能手段來釋放出訊息。

而以少年為主角的作品來說，相較於過去那種盡可能凸顯出男性特質，如今已經轉變為像是《鬼滅之刃》主角炭治郎那樣溫柔又體貼他人，也就是具備『溝通力』這類實力，就算力量不強大，也有著能夠吸引人的魅力。我認為各種性別表現終於開始急起直追了。」須川教授這麼說明。

另一方面，當然也有些表現相當極端的暴力作品，不過須川教授說：「話是這麼說，但是如果大家都那樣做，用一種像是自我限制的規範來綁手綁腳，在表現上就會變得相當受限。能夠看到種類繁多的作品和面向，才是動畫世界的意義啊。」

能靠喜歡的東西過活嗎？

隨著日本提出增加外國留學生的政策，以及少子化問題日漸嚴重的情況下，動畫與漫畫作為能夠吸引年輕人的學問而受到矚目。須川教授說：「光是有開設動畫和漫畫的講座，參加入學考試的人數就增加了呢。看來所有大學都加入這門學問的一天也不遠了，事實上的確從二〇一〇年代起，各大學就開始紛紛設置相關課程。」

在須川教授的門下也聚集了對於各種事情有興趣的學生。研究生們研究的主題相當五花八門，有配音員研究，也有御宅族研究，還有人研究所謂的萌點。這些學生當然是因為喜歡動畫，所以才想要研究，不過須川教授向學生提出忠告表示，研究自己喜歡的東西是非常困難的。會這麼說，是因為須川教授自己也是從小時候就喜歡動畫，還曾經相當喜愛《人造人009》的島村喬。

須川教授解釋，「但我自己大概是不太容易沉迷事物的性格，所以沒辦法成為完全的阿宅。我對於這些東西還是保持了一些距離感，所以才能夠進行研究。但若是完全沉迷其中，那麼視野就會變得非常狹窄，也不容易抱持批判性的觀點來看。」

甚至也有太過喜歡而研究起來就無法繼續下去的情況。就有學生說非常喜歡迪士尼，所以想要研究迪士尼，然而迪士尼有著所謂的黑歷史，也就是曾做過給人印象不佳的事情。知道以後就沒辦法繼續喜歡下去、或者是由於不得不研究而無法繼續沉迷其中，甚至有學生到頭來只能放棄研究。

「所以我認為人無法研究自己相當沉迷的東西。我自己是不太會沉迷啦，不過最近有相當喜歡的演員。我真的非常喜歡那個人演出的連續劇和電影，覺得『這個人的演技真棒啊』但絕對不想要把那個人當成研究對象。所以我會告訴學生們，如果想要好好欣賞的話，最好不要研究喔，但是研究之後也會明白自己原先沒看見的魅力，就是要取得之間的平衡吧。」

粉絲文化研究的可能性

現在須川教授致力研究的是二・五次元舞台的粉絲文化。

「推」二・五次元舞台的演員，和一般的三次元偶像略有不同。二・五次元演員從試鏡階段就比較重視該演員是否具備演出角色的特質，也就是有沒有「基礎」，由於與演出的角色有著類似的特質，能夠好好演繹該角色，所以才會受到粉絲喜愛。因此若是發生誹聞等讓人略略窺見演員與角色之間的落差，粉絲就會馬上轉變為痛恨他的人。

須川教授說：「最值得玩味的就是他們對於演員本身根本沒有興趣，是因為他演了那個角色，也就是挾帶著虛構的印象，所以才會將演員視作自己的喜好。如果是人類他們就不會這麼喜歡了，還是虛構比較好。我認為這點非常有趣，因此目前特別關注這方面。」

目前是把二・五次元舞台的粉絲文化作為一種現象來進行研究，不過有許多事情在其他情況下也能夠通用，因此理想來說最後應該能夠連結到社會應用上。

「我曾聽說有人雖然能夠跟人工智慧機器人這類虛構的存在安心說話，卻沒辦法對電話中的諮詢員開口，我思索『差別究竟在哪裡呢？』由於科技發達，人類和機械的關係性已經大為轉變，甚至有人對於非人類感到比較親近，因此這種虛構的存在方式，我認為是非常有趣的領域。

人工智慧已經相當接近人類，對於非人類的東西如何附加情緒與感動等，而它們又要如何發展出人與人之間的關係呢？現在的研究還相當不充分，因此從研究作為娛樂的二・五次元文化開始，分析二・五次元空間如何影響人類生活。正因為這是個介於現實（三次元）與虛構（二次元）之間的二・五次元，所以想來可以應用到讓人感到舒適的空間，我認為這是最理想的。不管是要商量煩惱、虐待兒童等家庭問題、又或是升學煩惱等，如果能夠做出一個小工具對數位時代的年輕人的煩惱有所幫助，或者甚至能夠因此找出解決方法，那就更好不過了。」

富士山是讓人摸不著頭緒的10歲小孩

——富士山研究（日本．山梨縣）

在我小學低年級的記憶當中有這樣的事情。

我想應該是我搬到美國時搭的飛機途中吧？在某個時間忽然聽見了機內廣播。

「各位客人，目前正在本機左手邊的就是富士山。」

結果大人們忽然一陣騷動，甚至有人開始移動位置，還聽見數位相機喀嚓喀嚓的聲音。

想來應該有很多日本人都遇過這種狀況吧？光是能看到富士山就覺得相當興奮，又或者是周遭的人因此而相當躁動的樣子。它的魅力也吸引了國外人士，現在若是有人要做入境觀光宣傳用的東西時，絕對少不了富士山的照片或圖畫。

富士山不只吸引了觀賞的人，似乎也對於學術界相當有魅力。周遭地區的地形、生態系、環境汙染、經濟與觀光，還有富士山信仰等，以富士山作為主題，在不同領域都有人在進行研究。而在富士山的名義下聚集了各個領域的學者的富士學會，已經持續運作了二十年以上。

高處才有的研究

富士山讓人能夠活用其「日本第一高的地方」這個優勢，並提供許多研究機會。

從前在富士山頂有日本氣象廳經營的氣象觀測站。考量到對高山地區的氣象、颱風預報以及保護那些攀登富士山的登山者性命方面能有所幫助，因此從一九三二年就開始觀測氣象。一九六四年為了觀測颱風而設置了富士山雷達。這是因為富士山不僅是日本標高第一高的山頭，周遭也沒有其他山嶺，是能夠讓雷達視野達到最寬廣的最佳場所。員工在冬天時通勤或上下山使用的扶手及避難小屋，現在也還留存在原地。

不過，等到衛星技術發達以後設置了其他雷達，也就不再需要使用富士山的雷達進行觀測了。同時其他觀測機器也都置換成自動觀測裝置，畢竟原本的機器維修起來非常辛苦，也就不繼續使用，到二〇〇四年就完全無人化了。

富士山最高峰劍峰與撤去富士山雷達所的富士山氣象站
（Photo by Bergmann）

即使如此，有觀測設施這件事情本身還是有意義的，因此二〇〇五年起就由NPO法人繼續經營下去。他們每年會公開招募研究企劃，被挑選上的研究企劃研究者可以滯留於舊氣象站，進行他們的研究內容。研究上如果需要較重的機器時，可以使用推土機運到山頂。目前長年進行的研究是閃電的觀測以及高山醫學。首先關於閃電，這是由於在富士山頂觀測的話，能夠比地上還要接近閃電，實在是再適合不過了。舉例來說，研究中包含調查由雷雲或落雷產生放射線的機制。調查夏季的雷雲，很容易推測出能夠產生放射線的電能，但是放射線並不會抵達地面。如果是在富士山的話，一公里範圍內有許多落雷，相當容易得到數據。而且在山頂上有時候還能俯視落雷，它並不一定會落到山頭上，甚至看見往上打的閃電都不算太稀奇。而以高山醫學來說，包含了分析急性高山病的病徵、預防與治療，還有高地適應及其評價等。對於很常攀登國外高山的人來說，標高四千公尺處通常是高地適應的第一關，而能夠提供最接近情況的就是富士山頂。於是，一邊請為了攀登高山而進行訓練的人協助研究，同時也為了今後大家能夠更安全的登山而推動此研究計畫。

謎團重重之山

即使是大家相當熟悉的富士山，我們對於富士山本身、周邊生態系等不明白的事情也還是多如山高。首先就是它噴發的習慣。火山有無岩漿之差異、以及周邊環境不同，都會造成噴發的型態隨之改變，為了要知道山頭的噴發習慣，就得看過每個山頭各自的噴發情況。然而富士山自從近代開始觀測起，就完全沒有噴發過，所以根本毫無線索。

山梨縣富士山科學研究所的主任研究員吉本充宏博士是這麼說的。

「就跟人類一樣，火山也有所謂的幼年期、少年期和青年期，我們地質學者會觀察地層來了解過去噴發的歷程，然後推測出過去在哪個時期曾經發生過噴發。但是要搞清楚火山本身現在是哪個時期，那就非常困難了。我想大概幾萬年以後的人類回顧現在才能夠終於搞懂吧。火山有像櫻島那樣一天到晚都在噴發的，就可以回收數據來推測地下的活動，所以現在已經變得比較好掌握。然而富士山在這三百年以來都沒有噴發，一直持續這樣的狀態。先前明明有頗為頻繁的活動，所以現在完全沒有人明白這三百年究竟有何意義。」

快速造訪的成長期

富士山在日本的火山當中算是有點奇怪的傢伙，它的成長非常快速。大多數火山都會活動幾十萬年左右，然而富士山只在十萬年這麼短暫的期間就長到了標高三千七百七十六公尺。以人類來說，大概就是身高超過兩公尺的十歲小孩。

吉本博士說：「目前還不清楚它快速成長的理由，不過一般認為可能和富士山的位置有某種關係。日本分別有北美洲板塊、歐亞大陸板塊和菲律賓海板塊這三個板塊，而它們的交界處正好就是富士山的位置。菲律賓海板塊會往歐亞大陸板塊下面隱沒，然後旁邊就是北美洲板塊、它又是往下隱沒到太平洋板塊下，因此這裡實在是非常複雜的位置。而在板塊複雜交互作用之處，通常都會有大型火山。話雖如此，我們還是沒辦法確定理由。」

山梨縣富士山科學研究所是隸屬於山梨縣的富士山專用研究設施，吉本博士便在此任職，除了他在進行的火山研究以外，研究所中還有富士山自然環境保護、富士山與周邊地區的人們是否有更好的共生方式等相關研究。比方說，富士山腳下生長著在日本國內也相當稀有的豆櫻等這類富士山才有的植物。然而自從富士山登記到世界文化遺產名單上，由於登山客增加，因此一些附著在衣服或者車輛上的植物種子也被帶了進來，造成原本不會生長在富士山這類高山地區的外來植物也開始拓展生長區域。另外，山上也棲息著由日本政府指定為特別自然紀念物的日本髭羚等稀有動物。像這類動物的生態系統，我們都還不是相當清楚，一直到最近才發現國內鹿的個體數量逐步增加，但是髭羚卻日漸減少，是由於這兩種動物會爭奪食物的關係。為了要維持對於髭羚來說比較容易生存的環境，也需要多加研究。

與防災計畫修訂相關的研究

山梨縣富士山科學研究所近年來特別專注的領域之一就是防災研究。

富士山什麼時候噴發都不奇怪。為了它噴發的那天做好準備，包含吉本博士在內的山梨縣富士山科學研究所防災小隊與山梨縣合作訂立了防災計畫。二〇二一年三月的時候，用來記載可能受害地區的危害分布圖久違十七年重新修訂。由於富士山除了山頂以外，還有可能從其他處噴發，因此要重新考量噴發地點和程度。

吉本博士表示，他覺得居住在富士山周邊地區的人們，似乎從以前就相當明白火山隨時都有可能噴發。但是關於被害程度如何，卻是各種猜測漫天飛舞。「我二〇一四年左右到研究所就職的時候，聽說的是幾乎所有人都認為富士山一旦爆發，那麼大家都死定了。就連在線上公開的問卷當中，都有一定人數認為日本整體或亞洲整體將會遭受毀滅性傷害。」

製作新的危害分布圖是用來標示現存七十多處噴發口，以及可能會出現的新噴發口範圍，同時針對大、中、小規模噴發的時候會產生的岩漿流動模式等，進行了超過兩百五十種的模擬。結果發現岩漿抵達市區的時間比想像中還要快，而且影響範圍也更大。同時富士山火山廣域避難計畫評估委員會又根據新的危害分布圖來模擬，若是依照過往避難計畫進行避難的話會是什麼情況，結果發現太多人同時逃難的情況下會引起嚴重塞車。另一方面，抵達市區以後的岩漿流速其實比人的步行速度還要慢，因此一般人只需要徒步就能逃往可以保命的地方，之後再採用其他方法移動，這樣反而能比較快避難。於是就把計畫變更為原則上讓所有人徒步避難。與其因為塞車而變成大家都逃不出去，還不如用走的比較保險，而且這樣一來也能讓高齡者和步行困難者優先使用道路。

知識與反射動作，哪個重要？

雖然不需要害怕因為火山噴發就造成文明毀滅，然而都市機能的確有可能癱瘓。例如，很可能在火山爆發時一起噴出的火山灰就像是不會融解的雪，在噴發後也會緩緩地持續累積。如同下雪的時候一樣，這會造成交通大亂，甚至物流也可能被迫停滯。而且火山灰是由火山玻璃碎片構成的，比雪重了三倍，若是堆積了幾十公分，那麼木造房屋就有可能因此坍塌。如果下了雨把火山灰沖走，那麼也會造成下水道堵塞。火山灰要是飄進了淨水設備或者取水用的河川，就會造成水質惡化導致用水不足。因此必須要儲存一星期左右的飲用水才行。

話雖如此，富士山屬於岩漿上升後噴發的類型，和那種蒸氣噴發的御嶽山或草津白根山等只能在幾分鐘前才看到噴發徵兆的火山不一樣。畢竟專家還是能夠在某種程度上預測富士山將要噴發，而從預測到實際噴發預估會有一到兩小時，同時也能推測岩漿流動方向，所以逃命還不晚。有些地方甚至要在噴發後一星期左右才會看到岩漿抵達，住在那些地區的人別說是逃命了，都還有空先清除火山灰呢。

而重點在於避難時需要具備相關知識。目前為止，日本的災害教育當中，已經把一開始地震就要鑽到桌子下、一發生火災立刻離開房屋等這類行動變成大家反射性的動作。然而這樣一來也可能造成反效果。

吉本博士說：「曾經有某個小學以臨時（無預測）方式進行地震訓練，一廣播『地震來了』，居然連操場上的學童也都特地回到教室裡躲在桌子下，明明操場上比較安全啊。這種反射性行為根本一點意義都沒有吧。當然研究者當中也有人認為反射性逃走就好了。確實有時候下意識直接逃走是比較好沒錯，像是那種一刻耽誤不得的海嘯和土石流等情況。但是暴雨和火山這類明明有一點思考時間的災害，光靠反射行為逃命我認為是不夠的。」

一定也會出現那種明明有相關知識，但因為心理狀態而不願逃走的人。為了讓那些人願意逃離，要培養出一些願意主動疏散的人員，所以吉本博士們目前正盡力製作敦促避難行動教育用的教材。這會加入到理科的學習過程中。

吉本博士說：「假設這件事情在一百年後才會發生，那麼與其把力氣花費在外部結構上，還不如加入孩童們的教育當中，將來那些孩子長大成人，成長以後生了孩子成為父母親，然後那些孩子們又會聆聽這些內容，打造出一個知識的循環，我們的目的就是在於打造出一百年後能夠抵禦災害的社會。災害可是六親不認的，知道的人就強悍、不明白的人就無法對抗。所以在告訴孩子們這些事情的時候，我們都會說『你們有這些知識，所以必須要領導當地的人喔』。」

富士山的教誨

災害教育及火山教育的知識，也活用在國際協力機構（JICA）的基礎業務上。近年執行的活動是在印尼峇里島東北邊一個名為阿貢火山的周邊地區。該火山在二〇一七年十一月噴發，許多人因此前往避難。

「其實這裡在一九六三年就噴發過，當時有許多人死亡，那個恐怖回憶還留在人們心中。因此，雖然峇里省推測只需要讓七萬人避難就好，結果到頭來居然有十四萬人都去避難了，當然造成交通嚴重混亂。從中得到的結論是逃難也不能逃過頭，這方面需要教育大家才行，所以我們與峇里島上的大學的教授們以及卡朗阿森縣的防災部門人員一起推動打造防災教育體制的計畫。」

在那之前則是先在爪哇島中央的默拉皮火山周邊地區實施教育課程。默拉皮火山在二〇一〇年時噴發，由於那時候並未進行避難而造成不少犧牲。

吉本博士說：「火山附近有幾個聚落，每個村都有類似精神領袖的長老之類的人。如果這種人不去避難，結果就是那個地區的人都沒辦法去避難，到頭來整個村子都陷入岩漿火海中而幾乎全毀。所以我們還是需要著手建立教育課程，告訴他們要好好相信科學觀測、如果不逃走的話就沒命了，不過這樣的教育也可能導致像阿貢火山那樣逃過頭的情況。所以逃命真的是適當就好。我重新感受到必須要在科學教育下建立讓大家能好好避難的體制。」

既是觀光資源、也是藝術靈感來源，更是災害源頭。要與有如此多面向的火山好好共存，知識是最不可或缺的。

眞是好湯。來研究吧！

——溫泉研究（日本．大分縣）

就連猴子都會泡溫泉的國家，正是日本。

由於有著如此文化，自然而然地經常會競爭誰才是第一名的溫泉。而第一名的定義方式百百種，以湧出量來說，毫無疑問是別府。別府市的源泉數量為世界第一，在這狹窄的地區當中就有兩千兩百處會冒出溫泉的源泉。而溫泉的湧出量在全世界為第二，但在日本則是第一名（順帶一提，湧出量世界第一名是美國黃石國家公園，但那可不是能夠給人泡的溫泉）。而在別府市，自然也聚集了各種與溫泉相關的研究者。京都大學理學部在別府也有地球熱學研究設施，當地的別府大學也將溫泉研究一事以及校內有足湯當成行銷內容，對外大肆宣傳。

為了「保護及適當使用」溫泉且以「增進公共福祉」為目的，日本政府在一九四八年頒布了《溫泉法》。由於中央政府實施《溫泉法》，各地方政府也因此設立了溫泉審議會來進行能否開採新溫泉等溫泉相關行政審議。目前溫泉有義務公告成分以及禁忌病症等，也是溫泉法當中的規範。由於要下各種判斷就需要有科學根據，因此大分縣在第二年，也就是一九四九年時設置了大分縣溫泉調查研究會。之後歷經七十年來未曾中斷，每年都會公開地質學、地球物理學、地球化學、醫學、工學、人文社會科學、觀光學的調查報告。近年來還會提出溫泉成分與氣味關係、別府及周邊地區的地下結構、新開發的簡易氣體分析法等報告。

在醫學方面，則以九州大學醫院別府分院的前田豐樹醫師為中心，提出了關於慢性疾病與溫泉入浴的關係性。九州大學醫院別府分院原先就是為了研究溫泉而設立的。一九三一年九州帝國大學為了研究溫泉療法而設立「溫泉治療學研究所」以後，時光荏苒、多次變更其負責內容及單位名稱，如今成為九州大學醫學部牙科系附屬的大學醫院。他們就在那個由溫泉治療學研究所時代繼承而來的館內溫泉進行溫泉療法及小規模調查。

醫院裡面有溫泉

前田醫師原先進行的是免疫基礎研究，會開始接觸溫泉是由於他成為別府分院療養病房的負責人。在二〇〇〇年代初期，為了讓那些已經度過緊急狀況而結束治療，但仍需要照護的病患花費中長期的時間好好恢復身體健康，全國各地紛紛開始設立療養病房，別府分院也不例外。

設置療養病房有兩個條件。一是患者不能像其他科那樣在病房裡面用餐，必須要在病房的同一層樓設置餐廳。另一點就是同一層樓還要有浴室。如果附照護裝置的浴室在同一棟樓，那麼就算是臥床不起的患者也能夠將整張床放進熱水裡面，這樣一來護理人員就可以直接清洗病患的身體。

以別府來說，與其叫他們自己煮熱水，還不如引溫泉水進來比較快。因此別府分院當然也直接引進溫泉，而且畢竟原先就是溫泉治療學研究所，所以還設置了許多特殊浴池。當中一項就是泥巴溶在其中的泥湯。由於冒出溫泉水的泉源有些在地底下，同時帶有溫泉泥，所以醫院便會使用那些泥巴。浸泡在泥湯當中一般稱為礦泥浴，而別府八湯地獄巡禮之一的鬼石坊主地獄的「礦泥」也相當有名。

前田醫師表示，「患者當中曾經有人說『在療養大樓泡了泥湯以後就不痛了』，之後才弄清楚那位病患罹患的是纖維肌痛。」罹患這種疾病的患者有兩百萬人，換句話說，日本每六十人當中就有一人罹患此病，雖然患者如此之多，但大家不太理解這個疾病。總之就是檢查起來沒有異常，但卻會全身疼痛而相當困擾，是原因不明的疾病。一般的止痛藥根本沒用。罹患了纖維肌痛的人可能是對於任何感覺都認為是疼痛；或者沒有任何刺激卻感覺發麻；又或者是發生感覺麻痺的症狀；身體甚至可能會莫名顫抖、發生痙攣等，病患都苦惱於這些非常棘手的症狀。

九州大學醫院別府分院的礦泥浴槽
（照片提供：九州大學）

「因為覺得疼痛，所以前往內科或者疼痛專科、又或者是因為身體發顫而前往神經內科，但無論如何就是沒有檢查出任何異常的患者們就會被醫院推辭『請到別科看看』，只好到處求診。因此我們想著那些由於不明原因疼痛而前來問診的人當中，會不會有其他人也是纖維肌痛呢？所以，若我們看到類似的患者，就會開始邀請對方，詢問要不要來泡泡看『泥湯』啊？結果大家口耳相傳，遠從北海道、近一點的就是九州各地都有患有全身原因不明疼痛的病患前來此處，仔細調查後果然有許多人是纖維肌痛。有人是繼續服藥、也有人放棄藥物治療而忍受疼痛前來我們這裡。

他們會住院幾個星期，久一點的大概住一個半月左右，減輕疼痛後就出院，但是過了一段時間之後疼痛又會惡化，所以只好反覆前來，之後情況就會愈來愈好，然後從半年來一次變成一年來一次、兩年來一次，最後就算無法痊癒，也能夠恢復到不用再來向醫院求助了，所以我認為在這個疾病上遇到難關的人，或許能把這當成療養的方法。」前田醫師如此談道。浸泡在泥湯中的礦泥浴療法會由溫泉療法醫師開處方讓病患前往，而前田醫師持續分析這些患者的核心體溫上升情況以及疼痛感變化。

前田醫師說：「對於身懷難以醫治的疼痛或者慢性疾病的人來說，先緩解他們的疼痛、減輕他們的壓力，我想在這方面應該是大有幫助的。」

又不是江戶時代

雖然別府分院從溫泉治療學研究所時代就有引入溫泉到院內，不過重新把醫院內的溫泉拿來應用在治療上，是設置了療養病房以後的事情。溫泉治療學研究所到了一九八二年歷經組織變動，成為九州大學生體防禦醫學研究所的一份子，並共同推動難病研究，而關於溫泉療法本身則日漸衰微。

前田醫師說：「在生體防禦醫學研究所時代，似乎也因為溫泉能夠緩和復健時的疼痛，所以姑且是有在使用，但是因為當時針對其他疼痛如類風溼性關節炎、腰痛、脊椎變形等疾病都已經有確定的治療方式，所以實在是沒辦法說事到如今我們還是用溫泉來推動治療吧。畢竟溫泉治療學研究所是在九十年前設立的，當時針對疼痛治療還不會進行手術，所以當然會使用溫泉療養之類的方式，在其他治療方法已經嶄露頭角的情況下，患者們也會說『吃藥可以治好的話，拜託快點給我吧』。」

正是因為雖然不太常使用卻也一直沒有完全中斷，所以才能夠有前田醫師的研究，不過需求一直相當低落。沒有人用的話，研究就沒有進展。由於醫療進步，因此大家對於溫泉的要求也就不太一樣。

「因為我自己是做這方面的研究，所以不是很想這樣說，但研究界現在還是給人一種『都什麼年代了，還用溫泉治療喔』的氣氛。他們會說又不是江戶時代之類的。在日本人拿了諾貝爾獎、大家會利用iPS細胞、機器人工學、基因工程來開發醫療技術的時代，為什麼還得要用溫泉來治療呢？或許給人一種太過落後於時代的感覺吧。更何況走在醫療尖端的美國也沒有溫泉治療。如今大家的研究都是拚了命的想要追過美國，自然也就不覺得溫泉醫學能夠趕上美國。畢竟對方根本就沒有這種東西，也沒得追啊。但相反來說，既然對方沒有在做，那麼我們也可以把這個當成是日本獨特的項目來推廣，但或許是大家覺得在美國沒有推動的領域中進行研究也得不到好的評價，所以這種日本獨有的治療方法研究也就不是那麼受歡迎了。」

太熟悉溫泉？

相反的，在有溫泉的國家其實對於溫泉治療的意義也稍有認識。在德國、奧地利、法國、捷克、波蘭等境內有溫泉的歐洲各國，溫泉療法甚至適用於健康保險或社會保險。另外，別府市的姊妹都市紐西蘭的羅托路亞也像別府分院一樣，會為纖維肌痛患者進行溫泉治療。前田醫師說：「或許是因為日本人實在太過熟悉溫泉了。平常就在泡的那些溫泉，某一天忽然就變成醫療領域的東西，然後叫大家要掏錢當成治療費，這樣大家自然是不想付錢了。以歐洲來說，入浴這件事情本身在文化上就不屬於日常生活，因此告訴患者『泡在有特殊成分的熱水裡面，病況會變好喔』，他們就會毫不抗拒、乖乖領處方箋去泡了。」

在日本溫泉療法無法推廣開來還有一個原因，前田醫師認為應該是溫泉成分的差異。他表示，「根據日本環境省的分類，溫泉的泉質是有十種，但是像草津和別府等溫泉地的成分根本不一樣，就算是同一個溫泉地，每個溫泉的成分也還是會有差異。以藥物來說，成分只要稍有不同，在厚生勞動省就會引起究竟是否能夠給予許可的激烈爭論了，而溫泉的成分每一個都不一樣，我們實在也沒辦法說『請允許每個泉質都作為治療使用』。要出示科學理論證據的時候條件不足、溫泉在文化性質上也比較讓人為難，所以很難被認定為正式的治療。如果能夠明確提出『對於纖維肌痛有效』這類具體疾病的話，或許能夠重新評估溫泉治療，然而目前看來這個概念還沒有完全推廣開來。」

要確定溫泉治療疾病的具體效果，需要經過研究。即使醫學上顯示有一定效果，也因為無法像藥劑治療研究那樣與對照組來進行比較研究，所以非常難取得可信度高的結果。前田醫師說：「以研究角度來看溫泉效果的話，就需要比較對象。雖然也可以設定成溫泉及另一個與溫泉很像但只是普通熱水的池子這類對照，但這樣就必須要模仿溫泉、打造一個很像的浴室然後煮熱水，工程相當浩大。雖然也能夠使用現有的設施，但是我們很難去拜託溫泉設施說『請讓不同客人分別泡溫泉或者熱水』之類的。」

對溫泉的自負

就算比較研究相當困難，別府的人對於溫泉的自負仍然在這件事情上相當有幫助。最為顯著的就是前田醫師在進行溫泉的疫學調查時發現的事情。在二〇一二～二〇一四年之間，針對居住在別府市的兩萬名高齡者進行問卷調查，詢問他們泡溫泉的頻率以及身體抱病狀況等。希望能夠藉此了解泡溫泉與疾病之間有什麼樣的關係。

前田醫師表示，「一般來說我們發問卷出去，通常是回收三成左右，但那時候回收了接近六成（五五・七％），也就是兩倍，讓我們得以透過一萬一千一百四十六份回答順利進行分析。那時候我覺得或許是因為大家一旦面對溫泉，總是會想著『我得有所貢獻才行呢』之類的吧。」

畢竟這裡是溫泉都市，有七五％的人至少每星期會泡一次溫泉，過半的人每天都泡。前田醫師認為，「反過來說，這個結果讓我們覺得意外的是有二五％的人並沒有每個月都泡溫泉。當然在研究上就能夠作為比較對象這點是令我們相當感激，但畢竟這裡是溫泉都市，我們原先以為應該幾乎所有人平常都會泡溫泉的，所以反而有些驚訝。」經過分析問卷後發現結果會根據性別而有所不同。以男性來說，平常就有泡溫泉習慣的人罹患心血管疾病的可能性比較低，而女性平常就有泡溫泉的人則是高血壓的可能性比較低。除此之外，得知的事情並不止於疾病預防效果。同時也發現以女性來說，平常就會泡溫泉的人比較容易患有結締組織疾病。這個結果讓前田醫師等人組成的研究團隊得到的結論是「溫泉並不一定能夠預防所有疾病，有時候也可能會促使疾病發作」。

因此前田醫師呼籲：「溫泉不管在哪個年代都一樣，用法錯誤就會造成危險。站在治療的立場來看溫泉的話，這件事情是理所當然，也就是和藥物治療相同，用錯了就會產生副作用。最明顯的例子就是即使不是溫泉，光是入浴也會發生死亡意外。日本國內在浴缸裡溺水、長時間泡澡造成中暑等因素，一年就有將近兩萬名死者，當然這也包含了溫泉使用者。對於社會文化中不會泡在熱水裡、只會沖澡的國家人民來說並沒有這樣的危險，因為他們從來不會認定包含溫泉在內的泡澡行為是安全的。」為了要能夠得知這類事情，仍然必須繼續累積研究結果。

除了別府以外，日本各個溫泉地也都在摸索並嘗試配合時代下的嶄新價值。溫泉勝地除了溫泉以外還具備了自然、歷史、文化、飲食等許多能夠讓人抒發壓力的要素，因此日本的環境省也正在推動嶄新的溫泉之旅「新溫泉治療」並提出這是為了療養心理健康的口號。研究愈是有所進展，溫泉治療或許就能夠改變其樣貌，提供嶄新價值給大眾。

結語

寫這本書的時候有些事情連我都感到意外。那些進行當地研究的人可能根本不是出身該地，甚至有很多是離開了自己原先的研究領域，然後來到現在研究領域的人。當我開始撰寫本書的時候，一直想著會是當地出身的人擔負那些地方色彩強烈的研究任務，但似乎並不完全如此。有人是原先沒有特別喜歡葡萄酒、甚至生長在一個不太喝酒的家庭當中，只是離開製藥公司以後一路轉職，最後進了以葡萄酒研究聞名的大學擔任院長。也有人是在都市出生長大、研究所畢業以後，原先想走上研究人類免疫職涯，回過神來卻發現自己成了在鄉下養好幾百匹馬兒的飼養研究中心所長之類的。研究與教育特色也會因地而異，不過在我聽過採訪對象的人生故事以後，體會到人生的前進模式及職涯選擇才更是五花八門，沒有所謂的正確答案。

本書雖然是介紹「世界上」各式各樣相當有特色的研究，不過我有點在意整體來說偏向在北半球、特別是英語圈的研究當中。總覺得這樣似乎窺見了富裕國家才有多餘資源能夠分配給研究和行銷的現實，不過這也建立了我今後的目標，若是能夠打破語言的隔閡，想必能夠明白更多事情吧。

寫作本書受到許多人的照顧。我對於這些人致上謝意：接受我訪談的麥可・傑諾瓦教授、ＳＪ・金博士、布蕾特・艾巴巴內爾博士、大衛・布羅克博士、賈斯汀・史托帕博士、戴爾・布雷莫博士、艾莉莎・柯克爾博士、胡利亞・多爾根博士、亞倫・克蘭頓先生、克利奧法斯・塞爾邦西亞博士、西恩・紐康莫博士、大衛・霍洛赫夫博士、布蘭登・坎菲爾德博士、史蒂芬・格蘭特先生、前田豐樹醫師、卡希克・查特帕迪葉伊博士、山田雄司博士、須川亞紀子教授、吉本充宏博士、尤卡・圖克里博士、馬克・泰斯塔教授、強納生・班傑明博士、編輯齊藤智子小姐、對我提出建議的菊地乃依瑠小姐、國包塔胡恩雷蒙先生、清水朋哉先生。最後向拿起這本書閱讀的讀者們致上深深謝意。

2023年1月

五十嵐 杏南

Cervancia, C., Chambers, J.K., Desamero, M.J., Estacio, M. A., Hideki, U., Kakuta, S., Kominami, Y., Kyuwa, S., Nakayama, H., Nakayama, J., Tang, Y., & Uchida, K. (2019). Tumor-suppressing potential of stingless bee propolis in in vitro and in vivo models of differentiated-type gastric adenocarcinoma. *Scientific Reports, 9*, 19635. https://doi.org/10.1038/s41598-019-55465-4

Corona, L.J., Nessler, J.A., Newcomer, S.C., & Simmons, G.H. (2017). Characterisation of regional skin temperatures in recreational surfers wearing a 2-mm wetsuit. *Ergonomics, 61* (5), 729-735. https://doi.org/10.1080/00140139.2017.1387291

Dempsey, J.P., Gharamti, I.E., Polojärvi, A., & Tuhkuri, J. (2021). Creep and fracture of warm columnar freshwater ice. *The Cryosphere, 15* (5), 2401-2413. https://doi.org/10.5194/tc-15-2401-2021

Doyle, E.K., Hynd, P., McGregor, B.A., & Preston, J.W.V. (2021). The science behind the wool industry. The importance of wool production from sheep. *Animal Frontiers, 11* (2), 15-23. https://doi.org/10.1093/af/vfab005

Doyle, E.K., Sommerville, P.J., & Walkden-Brown, S.W. (2021). Development, implementation and evaluation of a hub and spoke multi-institutional national model to tertiary education in sheep and wool science. *Animal Production Science, 61*, 1734-1743. https://doi.org/10.1071/AN21056

Horiuchi, T., Maeda, T., Tokunou, T., & Yamasaki, S. (2022). Hot spring bathing is associated with a lower prevalence of hypertension among Japanese older adults: A cross sectional study in Beppu. *Scientific Reports, 12*, 19462. https://doi.org/10.1038/s41598-022-24062-3

Jaberg, S. (2017, December). What makes modern luxury watchmaking tick? *Swissinfo.ch.* https://www.swissinfo.ch/eng/about-us/45607290

Sugawa, A. (2021, December). "Mini suka no josei kyara ga kōtsū keihatsu" Feminisuto to V chūbā no giron ga surechigau konpon riyū ["Miniskirt female character raises traffic awareness" Fundamental reason why feminists and V-tubers disagree]. *President Online*. https://president.jp/articles/-/52944

山田雄司 . 2020『忍術学講義』中央公論新社 .

山田雄司 . 2017『忍者はすごかった　忍術書 81 の謎を解く』幻冬舎新書 .

小山昌宏・須川亜紀子 . 2014『アニメ研究入門　アニメを究める 9 つのツボ（増補改訂版）』現代書館 .

須川亜紀子 . 2021『2.5 次元文化論　舞台・キャラクター・ファンダム』青弓社 .

參考文獻

Abarbanel, B., Bernhard, B., & Roberts, J. (2017, August). *Practical perspectives on gambling regulatory processes for study by Japan: Eliminating organized crime in Nevada casinos.* International Gaming Institute. https://www.unlv.edu/sites/default/files/page_files/27/JapanEliminatingOrganizedCrime.pdf

Abarbanel, B., Bernhard, B., Cho, R., & Philander, K. (2017, September). *Socioeconomic impacts of Japanese integrated resorts.* International Gaming Institute. https://www.unlv.edu/sites/default/files/page_files/27/JapanSocialEconomicImpactsReport.pdf

Adam, E., Arthur, R., Barker, V., Franklin, F., Friedman, R., Grande, T., Hardy, M., Horohov, D. W., Howard, B., Page, A.E., Partridge, E., Rutledge, M., Scollay, M., Stewart, J.C., Vale, D.W. (2021). Expression of select mRNA in thoroughbreds with catastrophic racing injuries. *Equine Veterinary Journal, 54* (1), 63-73. https://doi.org/10.1111/evj.13423

Adam, E., Carter, C.N., Erol, E., Hause, B.M., Gilsenan, W.F., Horohov, D., Li, F., Li, G., Locke, S., Metcalfe, L., Morgan, J., Odemuyiwa, S.O., Slovis, N., Sreenivasan, C.C., Timoney, P., Uprety, T., Wang, D., & Zeng, L. (2021). Identification of a ruminant origin group b rotavirus associated with diarrhea outbreaks in foals. *Viruses, 13* (7), 1330. https://doi.org/10.3390/v13071330

Almaqhawi, A., Biswas, T.K., Chattopadhyay, K., Greenfield, S.M., Heinrich, M., Kaur, J., Kinra, S., Kundakci, B., Leonardi-Bee, J., Lewis, S.A., Nalbant, G., Panniyammakal, J., Tandon, N., & Wang, H. (2022). Effectiveness and safety of ayurvedic medicines in type 2 diabetes mellitus management: A systematic review and meta-analysis. *Frontiers in Pharmacology, 13.* https://doi.org/10.3389/fphar.2022.821810

Baggaley, P., Bailey, G., Beckett, E., Benjamin, J., Fairweather, J. Fowler, M., Hacker, J., Jeffries, P., Jerbić, K., Leach, J., McCarthy, J., McDonald, J., Morrison, P., O'Leary, M., Stankiewicz, F., Ulm, S., & Wiseman, C. (2020). Aboriginal artefacts on the continental shelf reveal drowned cultural landscapes in northwest Australia. *PLOS ONE, 15* (7), e0233912. https://doi.org/10.1371/journal.pone.0233912

Bhargava, S., Brahmachari, S.K., Chauhan, M., Chauhan, N., Chauhan, P., Chauhan, R., Ganeshan, S., Kaur, R., Sethi, T., Sharma, M., & Singh, H. (2018). Big data analysis of traditional knowledge-based ayurveda medicine. *Progress in Preventive Medicine, 3* (5), e0020. doi: 10.1097/pp9.0000000000000020

Bukhanov, B., Chuvilin, E., Istomin, V., Pissarenko, D., & Tipenko G. (2022). Simulating thermal interaction of gas production wells with relict gas hydratebearing permafrost. *Geosciences, 12* (3), 115. https://doi.org/10.3390/geosciences12030115

國家圖書館出版品預行編目（CIP）資料

世界最奇妙的學問研究：小至日常生活都值得細心研究，一起來看難以想像的有趣學問！／五十嵐杏南著;黃詩婷譯.
-- 初版. -- 臺中市：晨星出版有限公司，2024.08
面；　公分. --（知的！；208）

譯自：世界のヘンな研究 世界のトンデモ学問19選

ISBN 978-626-320-854-4（平裝）

1.CST: 科學　2.CST: 通俗作品

307　　113006372

知的！208

世界最奇妙的學問研究

小至日常生活都值得細心研究，一起來看難以想像的有趣學問！

世界のヘンな研究 世界のトンデモ学問19選

歡迎掃描QR CODE，填線上回函。

作者	五十嵐杏南
譯者	黃詩婷
編輯	陳詠俞
封面設計	初雨有限公司（ivy_design）
內頁設計	黃偵瑜
創辦人	陳銘民
發行所	晨星出版有限公司 407台中市西屯區工業區30路1號1樓 TEL:（04）23595820　FAX:（04）23550581 E-mail:service@morningstar.com.tw http://www.morningstar.com.tw 行政院新聞局局版台業字第2500號
法律顧問	陳思成律師
初版	西元2024年08月15日　初版1刷
讀者服務專線	TEL:（02）23672044 / （04）23595819#212
讀者傳真專線	FAX:（02）23635741 / （04）23595493
讀者專用信箱	service@morningstar.com.tw
網路書店	http://www.morningstar.com.tw
郵政劃撥	15060393（知己圖書股份有限公司）
印刷	上好印刷股份有限公司

定價390元

ISBN 978-626-320-854-4